아톰 할배들의
원자력 이야기
60년

서거 5주년을 맞은 한필순 박사님 영전에
이 책을 바칩니다.

본 저술을 지원해 준 서울대학교 원자력정책센터와
과학기술연우연합회에 감사드립니다.

아톰 할배들의 원자력 60년 이야기

초판 1쇄 발행 2019년 11월 11일
　2쇄 발행 2019년 12월 12일
　3쇄 발행 2020년 1월 20일

지은이 장인순, 전재풍, 김병구, 박현수, 이재설
펴낸이 장길수
펴낸곳 지식과감성#
출판등록 제2012-000081호

디자인 최정인, 박예은, 이재설
편집 이현, 박예은
교정 김혜련
마케팅 고은빛

주소 서울시 금천구 벚꽃로298 대륭포스트타워6차 1212호
전화 070-4651-3730~4
팩스 070-4325-7006
이메일 ksbookup@naver.com
홈페이지 www.knsbookup.com

ISBN 979-11-6275-844-1(03550)
값 12,000원

ⓒ 장인순, 전재풍, 김병구, 박현수, 이재설 2019 Printed in Korea

잘못된 책은 구입하신 곳에서 바꾸어 드립니다.
이 책의 전부 또는 일부 내용을 재사용하려면 사전에 저작권자와 펴낸곳의 동의를 받아야 합니다.

이 도서의 국립중앙도서관 출판예정도서목록(CIP)은 서지정보유통지원시스템
홈페이지(http://seoji.nl.go.kr)와 국가자료공동목록시스템(http://www.nl.go.kr/kolisnet)에서
이용하실 수 있습니다. (CIP제어번호: CIP2019042109)

홈페이지 바로가기

아톰 할배들의 원자력 이야기 60년

장인순
전재풍
김병구
박현수
이재설

목차

프롤로그   9

제 I 부
원자력의 여명

1. 한반도와 전기에너지 —————————— 14
   - 1.1 이 땅에 처음 선보인 '도깨비불' 전기   16
   - 1.2 이승만과 시슬러의 에너지 박스(Energy Box)   20

2. 냉전시대의 원자력 ————————————— 25
   - 2.1 한반도의 원자력   25
   - 2.2 원자력과 국력   27
   - 2.3 원자력의 평화적 이용   33

3. 아아! 원자력연구소 ———————————— 43
   - 3.1 스무 살 청년시절을 돌아보면   44
   - 3.2 핵연료주기 기술 도입 시도   54
   - 3.3 해외 벤치마킹   64

제II부
원자력 기술 자립과 원전 수출

1. 원전 기술 자립기 ——————————————— 76
    1.1 원전 기자재 국산화   78
    1.2 원전 표준화와 기술 자립 이야기   86
    1.3 체르노빌의 비극이 가져온 행운   96
    1.4 '필! 설계 기술 자립' – 44인의 결사대   100

2. 원전 수출 시대, 제2의 실크로드를 찾아서 ——— 109
    2.1 바라카의 기적   109
    2.2 사우디와 한국형 원전   113
    2.3 요르단의 연구용 원자로, 신뢰의 디딤돌   117

3. 기술 자립의 뒤안길 ——————————————— 122
    3.1 좌절의 시대   122
    3.2 희망의 시대   125
    3.3 희생과 승리의 환희   130

4. 인간 한필순(1933~2015) ——————————— 132
    4.1 맨손의 과학자   132
    4.2 일본을 벤치마킹   133
    4.3 대덕클럽의 유산   135

5. 원자력 할배의 문화담론 ——————————— 138
    5.1 '두 문화(Two Cultures)' 이야기   139
    5.2 반(反) 문화(Counter-culture), 또는 반핵문화? 145
    5.3 디지털 문화 시대   147

제Ⅲ부
원자력 60년 다시 보기

1. 원자력 초보 상식 —————————————— 152
   1.1 우라늄이 뭐길래? 152
   1.2 방사능 – 피폭과 오염 문제 160
   1.3 원자력에도 로봇 기술이? 164
   1.4 방사선 기술과 이용 170

2. 방사성폐기물 랩소디 —————————————— 185
   2.1 방사성폐기물 둘러보기 186
   2.2 한(恨) 많은 처분 부지 191
   2.3 우리의 핵연료주기는 어디로? 203

3. 원자력 안전성이 문제의 핵심이다! —————— 206
   3.1 매체로 보는 반핵 207
   3.2 안전성 시비와 '탈원전'의 딜레마 209
   3.3 안전성 우려의 진실 210
   3.4 원전 비리 사건 213
   3.5 지구 온난화와 원자력 215

4. 잘못된 '탈원전', 무엇이 문제인가? —————— 219
   4.1 국가 에너지 수급이 불안하다 219
   4.2 원전 산업계가 붕괴한다! 222
   4.3 전기요금이 오른다! 225
   4.4 대안: 기존 원전의 계속운전, 신한울 3·4호기 건설 228

에필로그 234
부록 - 원자력사의 주요 연표 238
참고문헌 240

프롤로그

현대 과학기술이 총동원된 맨해튼 프로젝트에서 원자탄이 개발돼 태평양전쟁을 종결지었다. 원자력은 이렇게 무기 개발로 시작됐지만 평화적인 이용으로의 방향 전환 덕택에 원전 산업을 비약적으로 발전시켰다.

대한민국은 일찍이 원자력 사업에 도전했다. 에너지 빈국(貧國)을 벗어나기 위해 초대 대통령부터 도전을 택한 것이다. 덕분에 원전 국산화에 성공하고 수출까지 함으로써 '한강의 기적'을 이루는 데 큰 기여를 했다. 그러나 가끔 전해오는 외국 원전의 사고들이 한국 민주화의 바람을 타고 반핵의 불똥을 튀겼다. 우리 사회에서도 찬·반핵 논란을 일으킨 것이다. 그런가 하면 아직도 밤이면 깜깜해지는 한반도의 북쪽에서는 원자탄을 만들어 원자력의 종주국인 미국까지 위협하려고 한다. 과연 한반도는 원자력과 특별한 관계로 운명 지어진 곳인가 보다.

1959년 이승만 정권이 출범시킨 원자력연구소가 올해로 환갑을 맞았다. 그러나 백세 시대를 맞은 지금 환갑잔치나 하고 있을 수는 없다. 우리 '아톰 할배'들은 뜻 있는 일을 하고 싶었다. 원자력 사업 초창기부터 이 분야에 종사해 온 우리들이 원자력과의 각별했던 인연을 이야기로 엮어보기로 한 것이다.

그동안 원자력계에서 내놓은 책들은 대부분 공적(公的) 자료를 근거로 한 홍보성 내용이 많았다. 땀과 소주 냄새가 폴폴 나는 사람들의 이야기는 배제된 기록들이었다. 원자력은 국가사업이라는 인식 때문에 흥미진진한 내부 이야기는 끼어들 자리가 여의치 않았던 것이다. 그래서인가? 우리나라에서 원자력에 관한 사회적 소통은 낙제로 평가되고 있다. 알면 좋아하고 모르면 의심하는 것이 인지상정이다. 원자력을 모르는 대중과의 소통이 적었으니 우리 사회는 원자력에 대한 의심을 증폭시켜 지금의 '탈원전' 논쟁에까지 이르게 한 것이 아닌가 생각해 본다. 때문에 많은 사연을 알고 있는 할배들이 나서보자고 했다. 원자력계의 '내부자'만 알고 있는 소소한 얘기들을 책으로 엮어 보자고 한 것이다. "우리 아톰 할배들도 어려웠던 시절의 희로애락을 누군가와 마찬가지로 함께하며 늙어 왔다오" 하는 추억을 공유하고 싶었던 것이다. 하지만 무슨 얘기를 어떻게 엮어 내야 할지는 쉬운 문제가 아니었다. 원자력계에서 나온 기존의 책들과 차별 짓는 것은 물론이고 일반 독자들이 봐도 재미가 있도록 써야 한다는 것이 우리 공돌이 할배들에게는 쉽지 않은 일이었기 때문이다. 세월이 흘러 어느덧 사람들의 눈이 책이 아니라 유튜브(YouTube)로 몰리고 있는 지금, 우리 할배들의 서툰 얘기 솜씨가 독자들에게 먹힐 것인지에 대한 우려도 있었다. 그러나 행여 이 책에 대한 반응이 좋으면 유튜브로도 찍어보자는 격려를 하며 글을 써나갔다.

이 책은 국내외 원자력 역사를 큰 줄기로 세우고, 거기에 가지와 잎, 열

매를 붙이는 구도로 꾸몄다. 할배들의 일화에 해당하는 열매가 열릴 수많은 가지와 줄기를 찾는 고민도 해야 했다. 과거 원자력계나 언론계 등에서 출간된 글 모음집이나 회고록 등을 적극 활용하기도 했다.

글솜씨는 서툴지만 요즘은 사라져 가는 구수한 맛도 있을 것이란 자위를 해본다. '강남 스타일'이 히트를 쳤다면 '할배 스타일'도 인기를 끌지 말라는 법이 없기 때문이다. 대한민국과 원자력의 소통에 이 책이 기여를 했으면 하는 바람이다.

※ 참고로 이야기에 등장하는 모든 인물들의 호칭은 빼는 원칙하에, 일부 스토리텔링 저자의 실명도 익명 처리하였다.

우리나라 최초의 전기불을 켜다.
1887년 고종은 경복궁 건천궁에서
발전기를 도입해 최초의 '도깨비
불'을 당겼다. 이는 에디슨이
전기를 발명한 지 불과 8년 후,
'얼리 어답터'였다.

1953년 아이젠하워의 'Atoms for Peace' UN 총회 선언.
2차세계대전 후 심화되던 냉전으로 인한 미소간 핵무기
경쟁의 해소책으로 원자력의 평화적 이용을 제안.

우리나라에도 1963년 '제3의 불' 점화, 기념우표까지 나왔다. 이승만
대통령의 집념으로 설립된 한국원자력연구소에 이 나라 최초의 원자로
트리가 마크-II 가동.

제 I 부

원자력의 여명

1959년 3월 대통령 이승만은 원자력연구소를 출범시키고 연구용 원자로 기공식에도 친수할 수 있었다. 태릉 서울공대 옆에 자리잡은 연구소는 총력을 기울였으나 당시 여건에서는 맨땅에 헤딩.

1. 한반도와 전기에너지

모든 생명체는 에너지로 산다.

미물은 에너지로 생명을 유지하고 만물의 영장인 인간은 먹거리로 에너지를 섭취하여 생명을 유지하고 삶의 질을 개선해 나간다. 삶의 질을 높여 주는 각종 문명적 이기의 활용이나 산업의 동력이 되는 에너지의 형태는 꾸준히 개발되고 또 개선되어 오고 있다. 16세기 초 이전까지만 해도 농업 부산물이나 목재가 주로 농경사회를 받쳐 주는 연료의 주축을 이루었으며 소, 말, 낙타 등과 같은 가축과 풍차나 물레방아 같은 도구들이 주요한 동력원이었다. 인류는 수천 년간을 그렇게 살아왔다. 불과 18세기에 시작한 산업혁명 때부터 각종 운반 기구를 비롯한 산업설비의 동력으로 석탄을 활발히 쓰기 시작하였으며, 뒤를 이어 약 50년의 간격을 두고 석유, 가스, 원자력, 태양광과 풍력 등 재생에너지가 새로 개발되어 활용의 폭을 넓혀온 것이 인류의 에너지 기술 진보의 역사이다.

산업화 초기에는 에너지 사용량이 그다지 크지 않아 문제가 되지 않았다. 그러나 점차 산업 시설의 규모가 커지고 도시의 규모가 커지면서 에너지 사용으로 배출되는 각종 공해물질로 많은 사회적 혼란이 야기되고 있다. 석탄, 석유, 가스 같은 화석연료가 에너지 사용의 주축을 이룬 19세기 말에서 20세기엔 산업생산의 폭발적 증대로 인해 스모그(smog: smoke+fog)라는 새로운 어휘가 생겨날 정도로 대도시의 대기질이 악화되어 왔다. 스모그는 일상생활에 심각한 위해를 끼치기에 이르렀고, 1893년 세계 최초로 개최된 시카고 무역박람회와 2008년의 북경올림픽 등에서는 대회 기간 동안 공기질 개선을 위해 석탄과 석유 사용을 일시적으로 제한하기도 하였다.[1] 지난 세기 후반부터는 화석연료의 무분별한 사용에 따른 지구 온난화 문제까지 불거지면서 '탈탄소' 에너지로의 전환이 전 세계적 과제로 대두되었다. 최근 우리나라는 국내는 물론 중국에서 불어오는 미세먼지의 영향으로 국민건강이 위협받는 수준에까지 이르렀다.

여기서 잠시 우리나라 전기 사용의 역사를 살펴보자.

해방 직후 총 172만kW에 불과했던 발전시설은 그나마 거의 다 북한 지역에 있었으며 실제로도 90%가 넘는 전력이 북쪽에서 생산되어 남한은 극심한 전력 부족에 시달렸다. 우리나라의 근대화는 서양보다 많이 늦어 지난 한 세기 사이에 급속한 에너지 사용의 전환이 이루어지면서 많은 사회적 혼란을 겪고 있다. 심지어 일제 강점기와 6.25전란을 겪으면서 모든 산림 자원과 산업 설비가 망가진 상태에서 해외 원조 자금의 지원 아래 전후 복구가 이루어지기 시작할 때까지는 농업 부산물과 산림 연료에 의지하였다. 조국 근대화 기치 아래 1961년 시작된 장기 경제 개발 5개년 계획의 착수와 함께 산업 활동을 뒷받침할 새로운 에너지의 원만한 공급이 국가적 과제로 등장했다. 가내 수공업과 경공업이 주를 이룬 1960년대에는 국산

---

[1] 1952년 12월에 겪은 런던의 '살인 안개(Great Killer Fog)' 사건을 겪으면서 에너지 사용 개선을 통한 환경 개선 활동이 세계적인 주목을 끌었다.

저질 무연탄이, 중화학공업으로의 전환이 활발히 추진된 1970년대에는 수입 석유가 각각 에너지 공급의 주축을 맡았다.

국가의 경제성장이 뿌리를 내리던 1970년대 들어 두 차례 겪은 세계적 석유파동에 따른 유가의 급격한 상승과 공급 불안으로 탈석유에너지 공급 정책을 채택하면서 수입 석탄과 원자력의 활용이 급격히 늘어나게 되었다. 또한 1988년 서울올림픽을 계기로 1990년대 들어서 대기질의 개선을 위한 가스 사용으로의 전환이 활발히 이루어졌다. 최근 2017년 들어서는 문재인 정권이 전력 공급의 한 축을 이루던 원자력을 퇴출시키고 태양광, 풍력 등 재생에너지 공급을 확대하려는 정책 전환이 추진되면서 국가 에너지 수급에 새로운 혼란이 일고 있다.

1.1. 이 땅에 처음 선보인 '도깨비불' 전기

20세기 '제2의 불'의 혁명이라 할 전기와 전기 사용 도구들의 발명으로 인류의 생활양식은 새로운 도약을 이루게 되었다. 인류가 오랫동안 써 온 화석연료나 재생에너지들은 전기의 형태로 전환되어 쓰기 전까지는 모두 사용에 불편함과 한계가 뒤따랐다. 전기야말로 사용상의 편의성이 우수하고 신뢰성이 높은 데다 청정성이 뛰어나 오늘날 인간의 모든 생활을 '새 문명' 수준으로 향상시키는 역할을 하고 있다. 다만 전기는 생산과 소비가 동시에 이루어져야 되는데 아직 저장 기술이 부족하여 발전과 송배전을 거쳐 최종 소비까지 치밀한 운용 능력을 필요로 하며 사용상의 안전성 확보가 매우 중요하다.

우리나라에 처음 전깃불을 켠 것은 1879년 에디슨이 처음 백열등을 발명한 지 불과 8년밖에 지나지 않은 1887년으로 역사적인 당시로는 동아시아 최고의 시설이었다. 3월 초순 어둠이 깔리기 시작한 경복궁 뒤뜰 건청궁에서 고종황제를 비롯한 각국의 외교관 등 많은 손님이 모여든 가운데 이제까지 본 적이 없는 작은 유리등에서 휘황찬란한 불빛이 뿜어져 나와 모든 사람들을 깜짝 놀라게 하였다. 당시 '도깨비불'로 알려진 이 경복궁의 전깃불은 에디슨이 전기를 발명한지 불과 8년 후, 어둡기만 하던 구한말 역사 중에 가장 밝은 부분에 속한다.

한일 합방 후, 일제강점기에 민생과 산업이 더욱 피폐해지다가 일제의 대륙 침략 정책에 따른 한반도 전쟁 기지화 전략으로 산업 개발과 발전 시설의 건설이 이루어졌으나 대부분의 시설이 북한 지역에 치우쳐 개발되었다. 1945년 해방 당시 우리나라 전체 발전 설비는 172만kW로 그중 89%가 북한 지역에 있어 남한이 쓰는 전력의 60% 정도를 북한에서 공급받고 있었다. 남북 간 38선 분단 후, 남침을 치밀하게 준비하던 북한은 1948년 5월 14일 이른 새벽, 남한으로 공급하던 전력을 불시 차단함으로써 남한 사회를 극도의 혼란에 빠트렸다. 이어진 1950년 6.25전란으로 남아 있던 시설마저 대부분 파괴되었으며, 휴전을 앞둔 1953년 7월에는 당시 한반도에서 규모가 큰 발전 시설 중 하나인 화천 수력발전소를 차지하기 위한 치열한 막판 쟁탈전을 벌이기도 하였다. 휴전 후, 이승만은 국가 전략적으로 중요한 이 화천저수지를 지켜낸 기념으로 '파로호(破虜湖: 오랑캐를 물리친 호수)'라는 명칭을 주었다 한다. 휴전선이 그어지기 직전 당시 국내 최대 규모의 화천 수력발전소를 확보하기 위한 국가 원수의 처절한 고뇌가 배어 있는 곳이다. 서부전선 개성 인근의 곡창 지대를 내어 주면서까지 중공군을 물리치며 사수한 파로호 전투의 무용담이 후대에까지 전해지고 있다. 최근 정치권 일각에서는 이승만이 명명한 '파로호'를 중국이 반발한다는 이유로 개칭을 요구하고 있다.[2]

6.25전란으로 모든 전력망의 기반이 망가져 휴전 후에는 극도의 전력 부족을 겪었으며 파괴된 설비의 긴급 복구와 함께 미국의 원조 자금에 의한 신규 발전소 건설과 발전함 도입 등으로 긴급 대처하였다. 극도로 모자라는 전기를 충당하기 위해 미국이 인천(6,900kW급 일렉트라함)과 부산(20,000kW급 자코나함)에 급파한 발전함 두 척이 바다 위에 떠서 송전을 하였다. 디젤 발전기를 탑재한 외국 선박에서 송전선을 연결하여 최소한의 전기로 연명할 정도로 우리의 전기 사정은 열악하였다. 이러한 원조 사업은 미국 정부가 주도하는 유엔한국재건청(UNKRA)[3] 등이 주선한 것으로

---

2 unamwiki.org/w/파로호

3 UNKRA: The United Nations Korea Reconstruction Agency in War and Peace

우리 할배 세대들은 어렸을 적에 식량 원조로 얻어먹던 '강냉이' 등 친숙하게 보고 듣던 외국 원조의 일부였다.

휴전 후, 한동안 전력 부족에 따른 제한 송전을 겪다가 1964년 초 부산화력발전소 건설을 완료하고 4월을 기하여 무제한 송전을 선언하면서부터 차츰 전력 계통의 안정을 되찾기 시작하였다. 1961년 제1차 전원 개발 5개년 계획을 시작할 때 한국의 전체 발전 설비 용량이 37만kW에 불과하였으니 당시 우리나라의 전력 사정이 얼마나 열악하였는지 가늠해 볼 수 있다. 지금은 상상하기도 어렵지만 상습적인 정전 상태가 일상화되었던 시절로 미루어 짐작할 수 있다.

어린 시절 겪었던 에너지 사정 이야기 한 토막

필자가 세상에 나와 처음 뛰놀며 자란 곳은 충남 부여와 서천의 경계에 위치한 태봉(옛날 어느 왕자의 태를 산봉우리에 묻었기에 붙여진 이름)이라는 작은 마을로 6.25전란이 끝나기 직전인 초등학교 4학년까지를 이곳에서 살았다. 20가구 정도의 초가로 이루어진 작은 마을이었는데 전기는 아예 없었던 시절이다. 형편이 나은 한두 집은 남폿불이라 불리는 호롱불을 밝히기도 하였으나, 극히 가난했던 우리 집은 석유등잔을 쓸 형편도 안 되어 관솔불이나 돼지기름에 심지를 박아 쓰는 나무등잔을 켜고 지냈다.

그러다가 초등학교 4학년을 마치고 논산으로 이사를 하면서 처음 전깃불을 만나 얼마나 신기하고 좋았던지! 그러나 이때도 전기사정이 아주 좋지 않을 때라 안방과 옆방 사이에 20W 형광등 하나를 켜고 지냈는데 소위 특선이 아닌 일반선의 전기를 쓰던 때라 시도 때도 없이 불이 꺼졌다 켜졌다 반복되었다. 고등학생이 되면서 대전으로 유학을 떠나 지낼 때도 전깃불 켜기가 눈치가 보일 정도로 요금도 비싸고 마음대로 쓰기 어려웠다. 그나마 전력 사정이 지극히 나빠 공급 전압이 낮았기에 천정에 높이 달린 희미한 전등불 밑에서 공부하느라 시력이 나빠져 평생 안경을 쓰게 되었다.

1964년 4월 처음 한전이 무제한 송전을 발표하였으나 아직도 공급 사정이 여의치 않아 가정용으로는 형광등을 권장하고 백열등은 40W 미만으로 사용을 제한하는 열악한 사정이었다. 그 뒤로도 비가 안 내리는 갈수기엔 수력발전량이 적어 제한 송전을 반복하다가 1968년 여름 홍수로 수력발전량이 늘어나고서야 전력 공급 사정이 좋아져 회사가 백열등을 나누어 주면서 "형광등 끄고 백열등 쓰라" 하며 전기를 더 사용하도록 권장하던 일이 기억에 아련하다.

1.2 이승만과 시슬러의 에너지 박스(Energy Box)

휴전이 조인된 1953년 말, 미국 대통령 아이젠하워가 유엔총회에서 '원자력 평화적 이용'을 제창하면서 우리나라도 1954년 8월 원자력법을 제정하고 준비 체계를 갖추기 시작하였다. 1956년 한국 정부에 자문하러 내한한 시슬러Cisler는 2차 대전 종료 후 유럽 전력 계통 복구 사업의 총책을 맡았던 사람으로 원자력 발전의 미래에 대한 유토피아적 비전으로 신선한 충격을 불러일으켰다.[4] 그는 이승만 대통령을 예방했을 때 에너지 박스(Energy Box)라고 부르는 모형에서 무게 1.6kg의 석탄덩이와 새끼손가락 한 마디 크기의 우라늄 핵연료봉을 내보이며 원자력을 이용할 때 같은 무게의 연료로 석탄의 300만 배에 가까운 에너지를 얻는다고 설명하여 대통령을 놀라게 했다. 이에 이승만 대통령은 "우리나라가 원자력 발전을 하는데 얼마나 걸릴지"를 물었는데 그는 "잘 준비하면 20년 정도 걸릴 것"이라 답하였다고 한다. 이 예측은 1978년 고리 1호기가 가동되면서 결과적으로 족집게 예측이 되었다.

원자력의 첫걸음 내딛다

이승만의 원자력에 관한 관심은 지대하였다. 그는 1956년 문교부 산하에 원자력과를 신설하면서 원자력에 관한 모든 사항은 외무, 재무, 부흥,

---

[4] 1956년 미국 전력협회 회장 시슬러(Walker Lee Cisler)와 이승만의 만남은 우리 현대사의 놀라운 사건이었다. 한국을 처음 방문한 자리에서 시슬러가 당시 최극빈국인 한국의 대통령에게 원자력을 권고했다는 사실도 놀랍고, 이 자리에서 원자력에너지의 활용을 간파한 이승만의 혜안도 놀랍다. 아직 원전이 실용화되기도 전의 일화이나 석탄의 무려 300만배 에너지를 원자력에서 뽑을 수 있다는 사실에 노대통령은 중대한 결심을 하기에 이른다.

국방, 문교의 5부 장관으로 구성된 '5부 장관 회의'에서 결정하도록 지시하였다. 1958년 10월에 대통령 직속 기관으로 원자력원(原子力院)을 설립하고 이듬해 초에는 거물 정치인 김법린을 초대 원자력 원장으로 임명하였다. 이 정부기구는 우리나라 원자력 행정의 첫걸음으로 산하에 미국에서 기술 훈련을 마치고 돌아온 20여 명의 젊은 연구관들을 중심으로 한 원자력연구소를 설립하여 본격적인 원자력 시대의 준비를 마쳤다.

발족 당시 원자력연구소의 설립 위치를 놓고 "연구소 부지는 외부인의 출입이 어렵고 보안이 잘 되는 곳을 택하라"는 이승만 대통령의 지시가 있었다 하니 원자력 보안의 중요성을 염두에 두었음 직하다. 그러나 대학과의 협력을 중시하는 미국 전문가들의 강력한 '자문'을 받아들여 최종적으로는 서울의 동쪽 교외 공릉동의 서울 공대 4호관에 간판을 걸고 인접 부지를 개발하게 되었다.

'제3의 불' 점화

1959년 7월 14일 이승만 대통령이 참석한 가운데 국내 최초의 열 출력 100kW 원자로인 트리가 마크-Ⅱ(TRIGA-Mark-Ⅱ)의 건설기공식이 있었다. 그의 원자력에 대한 관심은 특별하여 건설현장을 여러 번 시찰하였다고 한다. 그러나 그는 이 원자로의 준공은 보지 못하고 4.19혁명으로 하야(下野)하는 운명을 맞게 되었다. 결국 우리나라의 첫 원자로는 4.19혁명과 5.16군사정변의 격동을 겪으며 공사가 늦어져 1962년 3월에야 준공되었다.[5] 당시 정부는 이 연구로 가동을 축하하기 위하여 기념우표까지 발행하였다. 요즘은 통신수단이 전자우편이나 SNS가 보편화된 시대여서 손편지에나 붙이는 우표를 보기조차 힘들어졌지만, 전화도 흔치 않던 그 시절에는 편지를 부치는 데 필요한 우표는 누구에게나 필요한 필수품이었다.

해외 유학생 파견과 유치과학자

과학기술인력과 자본이 절대 부족했던 원자력 도입 초기, 정부는 기술훈련을 위한 파격적인 정책을 폈다. 외환이 극히 귀할 때라서 단돈 10불의 사용도 대통령 결재를 받기가 어렵던 시절이었는데도 원자력 인력 양성을 위해서는 귀중한 외화를 써가며 해외 훈련을 보냈다.[6] 1955년 시작하여 1970년 국고에 의한 해외 훈련이 끝날 때까지 총 131명이 국비로 해외 훈련을 다녀왔으며 이들은 IAEA 장학기금에 따른 훈련생 204명과 함께 원자력 연구 및 기술 기반을 구축하는 토대를 이루었다.

미국과 영국 등에 원자력 분야 국비장학생을 보낸 후에도 외환 부족으로 학비의 지원이 중단되는 사태도 발발하였다. 때문에 피같이 귀했던 외화를

---

5 TRIGA(Training, Research and Isotope Production, General Atomics)는 미국 제너럴아토믹스(General Atomics) 사에서 개발한 연구용 원자로명으로써 세계 여러 나라(주로 우방국)에 수출되었다.
6 원자력 유학생 등록금의 송금이 중단될 정도로 국가 외환사정이 궁핍했던 시절 국가원수의 고뇌가 절절이 배어 있다.

제I부 원자력의 여명

털어 외국에 보낸 제1세대 유학 인재들은 반도 귀국하지 못하고 외국에 남거나 전공을 바꾸었다. 그 시절에는 우리나라가 고급 인력을 활용할 만한 여건이 되지 못했기 때문이다. 무엇보다도 고급 일자리가 없었다. 그러나 이들은 나중에 박정희 정권에서 조국 근대화 사업이 시행되자 비로소 매우 유용한 역할을 하게 된다. 원자력 분야는 1973년 원자력연구소의 민영화 후 소위 '유치과학자' 제도로 파격적인 처우를 마련하여 상당한 고급 인력을 귀국케 하여 원자력 기술 자립에 활용하게 된다.

2 ────────────── 냉전시대의 원자력

태평양전쟁에서 일본을 굴복시킨 원자탄은 종전과 더불어 곧바로 냉전을 상징하는 가공할 무기로 변신한다. 우리나라를 포함, 제국들의 지배에서 해방된 약소국들은 독립국가로서 자리를 잡기도 전에 세계가 미소 냉전 대결로 치닫기 시작했기 때문. 그 이후, 약 반세기에 걸친 냉전은 미소 간 핵 대결의 스토리로 점철된다. 우리나라의 원자력 또한 미소 간 냉전의 최전선에 놓여 직접적인 영향을 피할 길이 없었다.

2.1 한반도의 원자력

제2차 세계대전 중 서방과 소련은 전략적 제휴로 나치를 무찔렀으나 양 진영은 종전과 동시에 냉전으로 돌입하였다. 대부분의 유럽 열강이 전쟁에서 패배하거나 혹은 전쟁으로 그 세력이 쇠퇴해 버림으로써, 유럽 전선에서 결정적인 역할을 한 미국과 소련이 초강대국으로 등장하여 패권을 겨루는 새로운 국제 질서가 성립된 것이다. 전 세계는 냉전으로 꽁꽁 얼어붙고 우리 한반도는 38선의 남북 두 조각으로 갈라졌다. 급기야 1950년 6월 25일 북한의 남침으로 시작된 3년여 간의 전쟁은 한반도의 강토를 초토화시켰다. 원자탄으로 마무리한 태평양전쟁이 끝난 지 불과 5년여 후, 한반도를 뒤흔드는 민족상잔의 비극이 벌어진 것이다. 유구한 역사를 기려온 우리 한민족이 세계 현대사의 이념 분쟁에 휘말려 비극적인 희생타가 된 것이다. 우리나라의 원자력의 탄생은 이러한 역사적 배경을 깔고 있다.

원자력의 이용

1953년 12월 8일, 미국의 아이젠하워는 UN총회 연설에서 '원자력의 평화적 이용' 정책을 선언하였다. 이 선언은 미국이 맨해튼 프로젝트 이후 극비로 잠가두었던 원자력의 마력을 인류의 평화적인 번영을 위해 세상에 풀어놓은 것이다.[7]

이승만은 이 '희망'의 메시지를 어떻게 받아들였을까? 그는 원자력은 국력이 될 것이라는 기대를 갖고 파격적인 정책적 지원을 아끼지 않았다. 당시 냉전의 와중에 미국의 정책 자문으로 왔던 시슬러 박사의 환상적인 조언을 듣고, '아토믹 머신(atomic machine)'을 만들면 전기 걱정을 안 해도 된다고 생각했을 것이다. 사실 이러한 주장은 당시 시슬러를 비롯한 미국의 원자력위원회[8]가 세계적으로 원자력의 평화적 이용을 홍보하는 차원이었다.

---

7 원자력 비밀을 독점하려던 미국 정부는 1949년 소련이 핵실험에 성공하자 더 이상의 비밀 유지는 무의미함을 판단하고 원자력 기술의 이용에 대한 해빙을 천명한 것이다.

8 USAEC(United States Atomic Energy Commission) 전후 미국 정부의 원자력 업무를 총괄하던 기관. 1974년 진흥기관 USDOE(Department of Energy)와 규제기관 USNRC(Nuclear Regulatory Commission)로 분리되었다.

원자탄 ≠ 원자로

현대사에 군림하던 냉전기, 원자력의 화두는 1970년대까지는 대체로 핵무기였다. 냉전 시절의 핵폭격 대피소나 핵실험으로 인한 방사성 낙진 경고 등은 인류 종말론적 공포의 상징이었다. 그러다가 원자력이 본격적인 산업화가 된 1970년대 이후에는 대중들의 뇌리에서 원자탄의 이미지는 원전(또는 방사성폐기물 관리 시설)으로 옮겨졌다. 대중의 뇌리에서 핵실험의 상징인 버섯구름은 어느새 원전의 냉각탑에서 솟아오르는 수증기로 대체되었다.

'원자력의 평화적 이용'으로 인한 핵확산에 대한 우려는 1974년 인도의 핵실험으로 현실화되었다. 1970년대 들어 핵확산 억제 정책을 강화하던 미국의 포드와 카터 정권은 이를 기화로 민간 원자력 기술에 대한 통제 강화 정책을 추진하여 석유위기 타개를 위해 원자력 도입을 적극 추진하던 유럽과 동아시아의 정책에 제동을 걸었다. 때마침 원자력 기술 개발에 총력을 기울이던 우리나라는 이러한 미국의 핵확산 억제 정책의 직격탄을 맞았다.

2.2 원자력과 국력

국제정치적 맥락에서 본다면 원자력 기술의 사용에 대해서는 시대적으로 다음과 같은 시대별 궤적을 정리해 볼 수 있다.

1930년대: 원자핵 물리 연구
1940년대: 2차 세계 대전, 맨해튼 프로젝트
1950년대: 미소 냉전 시대, 핵무기의 양산
1960년대: 핵무기의 고도화
1970년대: 핵무기의 수평적 확산 억제(NPT)[9]
1980년대: 동서 냉전의 해빙, 핵무기 감축
1990년대: 냉전 종식, 시장경제의 글로벌화, 핵무기 해체론
2000년대: 북한 핵 첨예화, 신(新) 냉전 시대의 도래?

이러한 핵무기의 역사적 궤적을 평화적 이용과 대비해 보면 원자력의 역사에 대한 흥미 있는 관찰을 할 수 있게 된다. 핵무기가 국제 정치 무대에서 물러서기 시작한 것은 냉전 종식이 시작된 80년대이다. 그 이전 70년대까지는 원자력 발전은 보급단계였기에 전문가가 아닌 대중에게는 핵무기가 원자력의 상징이었다. 특히 냉전의 맹주인 미국의 지정학적 경계선의 최전선에 있는 한반도는 그 극치를 경험하는 무대였다. 이미 6.25전란 때 맥아더가 중공군의 남진을 저지하기 위해 원폭의 사용을 고려했다는 얘기는 잘 알려진 바와 같다.[10] 또한 소련이 원자탄 개발에 성공한 후, 미국 내에서 매카시즘의 발흥은 물론, 차원이 다른 핵무기인 수소폭탄 개발에 대한 찬반

---

9 NPT(Nuclear Non-proliferation Treaty): 1970년 체결된 핵무기확산금지조약으로써 1967년 이전까지의 핵보유국(미소영불중)만을 인정하고 더 이상의 확산을 억제하자는 국제조약. 비보유회원국의 원자력 활동은 사찰을 받아야 하므로 북한을 포함한 '실질적' 보유국들은 NPT에 가입하지 않거나 탈퇴했다.

10 그 여파인지 핵무기 대피용으로 평양의 지하철은 그 깊이가 세계에서 가장 깊다.

양론에서 찬성이 우세하게 된 것도 한반도의 6.25전란이 계기였다고 한다.

한반도와 핵무기

분단 상황에서 살아야 했던 한반도에서는 기회만 되면 남북 간 상호 위협은 기본이고, 정치 지도자들은 휴전선의 긴장 상태를 정치적으로 활용했다. 남한에서는 반세기가 넘는 세월을 툭하면 전쟁의 위협에 친숙해진 탓인지 '서울 불바다' 등의 끔찍한 위협에도 국민 대다수는 남의 얘기처럼 무신경해졌다. 동북아의 이러한 지정학적 상황은 지구촌의 냉전이 끝난 지금까지도 이어지고 있다.[11] 한반도는 지구촌의 '원자력의 평화적 이용'의 성공 사례와 군사적 통제 실패 사례의 극명한 대비를 보여주는 진열장(show case)이 되었다.

그 후에도 한반도뿐 아니라 세계 도처에서 국제 분쟁의 위기에서 강대국들의 핵카드가 거론된 바 있다. 이러한 핵권력의 전설적인 이미지 때문인지 요즘 같은 밀레니얼 세대들의 언어생활에도 '핵'은 상징적 언어로 스며들었다. 예컨대 '핵꿀잼' 같은 거('꿀맛'처럼 재미있는 것에 덧붙이는 특급 수식어?).

지금은 미국을 상대로 하는 세계적인 이슈로 등장한 북한의 핵무기 개발

---

11   정욱식, 《핵과 인간》, 서해문집(2018)

은 우리 남한에게는 질곡과도 같은 민족 분단, 그리고 그로 인한 6.25전란으로 소급된다. 인천상륙작전의 성공으로 압록강까지 진격한 미군은 중공군의 개입으로 장진호 전투에서 패퇴하자 맥아더는 핵무기 사용을 제안했고 트루먼을 비롯한 미국 내에서는 정치적인 이슈가 되었다. 결국 맥아더는 해임됐지만, 이를 계기로 북한은 물론, 중공도 미국의 핵무기 공격 가능성에 생존의 위협을 느꼈고 방어 체제 구축에 매진하게 되었다. 1970년대 건설된 평양의 지하철은 200여 미터 깊이로서 세계 최대 깊이라는 사실이 이를 반증한다. 김일성은 휴전 후 핵기술 확보를 위해 지속적인 정책으로 소련에 훈련생을 보내고 중국 핵전문가의 자문을 받았다.

일찌감치 원자력에 눈길 준 김일성

'원자력의 평화적 이용' 선언 후, 동서 양 진영은 동맹국에 원자력 기술 전수를 추진하였다. 소련은 1949년 핵실험에 이어 1954년 7월 5천kW급의 첫 원자로 '오브닌스크(Obninsk)'를 준공하였고, 김일성을 포함한 공산권 동맹국 지도자들을 초청했다(인도의 네루 총리, 유고의 티토 대통령, 베트남의 호찌민). 김일성이 오브닌스크 원전 준공식에 참석한 것은 북한도 일찍이 원자력에 호기심을 갖고 있었다는 반증이다.[12]

6.25전쟁 중 김일성이 남진통일을 시도했던 반면, 이승만은 북진통일을

---

12 이정훈, 《한국의 핵주권》, 글마당(2011)

꿈꾸었다. 김일성은 이미 1962년 4대 군사노선으로 전 인민의 무장화, 전 국토의 요새화, 전군의 간부화, 전군의 현대화를 제창하였다. 여기서 전군의 현대화는 재래식 무기의 현대화는 물론 핵무기와 같은 현대 무기도 포함된다고 짐작할 수 있다. 다만, 당시의 북한 여건에서 핵무기 개발은 언감생심이 아니었을까?

냉전 시기 한반도의 핵문제는 완전히 미소 간의 군사적 전략 사항이었다. 한반도뿐 아니라 전 세계의 핵통제는 미소를 두 축으로 하는 핵보유국들의 무대였다. 북진통일을 부르짖던 이승만은 50년대 남북 간 군사력의 비대칭을 근거로 미국의 핵무기 배치를 촉구했다. 50년대 말 남한에 배치된 핵무기는 1991년 노태우 정부의 한반도 비핵화 선언으로 철수되었다.[13]

메가톤을 메가와트로

핵군비 경쟁으로 치닫던 미소 간 냉전은 1989년 베를린 장벽의 붕괴로 상징되는 소련연방의 해체로 마감되었다. 냉전 시기부터 시작된 미소 간 핵군축 협상도 냉전 종식을 계기로 결실을 기대했으나, 비핵화와는 거리가 먼 양적 감축에 그치고 말았다. 냉전 종식 후, 구소련의 핵통제 체제

---

13 미국의 핵무기는 나토(NATO) 방위조약에 따라 유럽에도 배치된 바 있다(독일, 이탈리아, 터키, 벨기에, 네덜란드). 동서 냉전의 접경지였던 서독의 핵무기 배치는 독일 청년들의 반핵운동의 씨앗이 되었다.

의 붕괴를 우려한 서방은 핵과학자들과 핵무기의 유출을 막기 위한 제도적 장치 개발에 노력을 기울였다. 아울러 전부터 논의해 온 핵무기의 수직적 확산을 감축하는 조치를 취하였다. 과도한 핵무기 재고를 줄여 인류 종말론의 비판을 해소하고 군비 부담도 줄이자는 요지였다. 이 중 대표적인 사례는 핵무기를 해체하여 발생한 농축우라늄을 천연우라늄과 섞어서 상용 핵연료로 재사용하는 이른바 '메가톤에서 메가와트로(Megatons to Megawatts)' 사업이 추진된 바 있다.[14] 1993년에 착수되어 2013년에 마무리된 이 사업으로 러시아 핵무기 재고 고농축우라늄 500톤이 미국에 인도되어 핵연료로 재사용되었다. 그러나 핵무기 재고의 일부를 낡은 핵무기를 폐기하여 탄두수를 줄이는 대신 질을 고도화하여 핵위협은 오히려 증강됐다는 비판이 일었다.

최근 러시아의 순항미사일 개발 논란으로 미국의 트럼프 정부는 미소 간 중거리핵전력협정(INF)을 탈퇴하고 핵미사일 개발의 재개를 선언하였다.[15] 이어서 신규 군비 통제 조약에 중국의 참여를 촉구하고 동아시아 방

---

14 러시아의 핵무기를 해체하여 발생하는 고농축우라늄을 미국이 구매해서 저농축으로 희석(blend down)하여 원전연료로 쓰자는 사업으로 1993년 착수하여 20년 후 2013년에 마무리되었다. 약 2만 개 탄두에 해당하는 수백 톤의 고농축우라늄이 저농축우라늄으로 희석되어 전 세계 원전연료로 공급되었다.

15 INF(Intermediate-Range Nuclear Forces Treaty): 1987년 12월 8일, 미국과 러시아 간에 체결된 중거리 및 단거리 미사일 폐기조약으로 500~5,500㎞ 간 지상 발사형 중거리 탄도/순항미사일이 폐기됐다.

위선에 미사일 배치를 시사하였다. 이러한 동향은 90년대에 마무리되었던 동서 냉전이 부활되는 듯한 느낌을 준다.

2.3 원자력의 평화적 이용

<u>원전의 꿈은 이루어진다?</u>

50년대는 인류 역사상 처음으로 현대적 과학기술이 대중의 생활에 파고들기 시작한 시대이다. 이러한 시대적 추세를 타고 원자력의 평화적 이용이 세계적인 홍보 활동으로 원자력 기술에 대한 과장된 기대가 퍼지던 시절이다. 이 시절의 원자력 기술의 꿈은 열중성자로는 물론, 고속증식로와 핵융합로마저도 머지않아 개발되어 전기를 "계량기로 잴 필요도 없을 정도로 싸게(too cheap to meter)" 생산할 것이라는 기대에 부풀던 시절이다.

이러한 관점에서 돌이켜보건대 원자력에 대한 이승만의 기대와 시슬러의 예측에는 다분히 우발성이 개재되어 있었다고 유추해 볼 수 있다. 이승만은 일찍이 한국을 떠나 미국에서 오래 살았기에 모국어보다 영어를 더 유창하게 했다. 그래서 시슬러와 같은 원자력전문가의 얘기도 기술적인 내용은 몰랐겠지만 정치사회적인 맥락은 문제없이 이해했을 것이다. 시슬러는 고속증식로의 전도사로 지칭될 만큼 원자력의 지지자였으므로 그의 에너지 박스 설명은 고속증식로 시스템을 포함하는 '뉴토피아(Nutopia)'적

꿈을 담았을 것이다. 사실 고속로 개발계획은 미국은 물론, 프랑스나 일본 같은 원자력 선진국들도 90년대에 포기한 상태다. 어쨌거나 원자력 기술에 대한 낙관적인 시슬러의 조언을 의심 없이 신뢰한 이승만 덕분에 우리나라 원전의 초석이 놓였다는 점은 역사적으로 흥미롭다.

원자력 발전 사업추진

박정희 정부는 이승만 정부의 원자력 발전 정책을 성실히 계승하여 추진하였다. 50년대 '원자력의 평화적 이용' 정책의 성과로 60년대는 냉전기였음에도 선진국을 주축으로 원자력 발전이 실현되기 시작했으며, 경제 개발 정책을 강력히 추진하던 정부도 중화학공업 개발 정책 추진의 밑바탕이 되는 산업의 동력으로 원자력 발전을 기획하였다. 1962년 11월 '원자력 발전 대책위원회'를 구성하고 원자력 발전 준비를 구체화하기 위해 원자력원, 상공부, 한전, 석탄공사 대표로 구성된 실무위원회의 검토를 거쳐 '원자력 발전 추진 계획안'을 처음으로 수립했다. 이 안에는 1970년대 초에 15만kW급 원전을 건설할 것과 기술요원 양성, 노형 선정, 건설 부지 선정 등에 관한 내용이 담겼다. 1964년 말부터 1965년 6월까지 부지 선정을 위한 기초조사를 원자력원, 한전, 석탄공사가 공동으로 22개 지점을 도상(圖上)평가하여 9개 지점으로 압축하고 1965년 6월 내한한 IAEA 부지 조사단과 공동으로 3차례에 걸친 방문 조사를 실시하여 경남 양산군 장안읍의 고리지역을 최초 원전 건설 부지로 선택하였다.

1966년 12월에는 원자력 발전 계획의 수립과 전문적 조사를 목적으로 원자력원, 건설부, 철도청, 산림청, 한전, 석탄공사, 석유개발공사, 생산성본부 등의 대표와 해양학자들로 '원자력 발전 조사 위원회'를 구성했다. 조사 위원회의 건의에 따라 정부는 1965년 제1차 원자력 발전 기술 조사단을 미국, 영국, 일본, 캐나다, 이탈리아, 스페인, 인도, 필리핀 등지에 파견하고 각국의 원전 정책 및 계획, 기술 개발 상황, 경제성 평가, 부지 선정, 건설 작업 절차, 자금 조달 문제 등에 관한 조사를 실시했다. 이어서 1967년에는 제2차 기술 조사단을 미국, 영국, 일본, 프랑스 등의 원전과 원자로 제작사 및 정부 기관 등에 파견하였다. 우리나라가 도입할 원자로에 대한 기술 및 경제성 검토를 위해 가압경수로(PWR)[16] 제조사인 웨스팅하우스Westinghouse, 컴버스쳔 엔지니어링Combustion Engineering, 밥콕 앤 윌콕스Babcock & Wilcox 등 3사와 비등경수로(BWR)[17] 제조사인 제너럴 일렉트릭General Electric사와 영국의 개량형 가스냉각로(AGR)[18]에 대한 기술적 문제를 조사 검토하였다.

위원회는 최초원전의 건설 규모(50만kW급), 부지(고리), 재원조달(차관), 인허가, 사업 주체 등의 주요 사항을 결정하였다. 원전 건설 및 운영을 위

---

16 PWR: Pressurized Water Reactor
17 BWR: Boiling Water Reactor
18 AGR: Advanced Gas Reactor

한 사업 주체를 놓고 원자력청의 신규 원자력 공사 설립 주장과 한전이 담당하는 안을 놓고 첨예한 의견 대립이 있었으나 한전을 원전 건설 및 운영의 주체로 하고 과학기술처와 원자력청이 안전 규제를 담당하면서 기술 및 인력 개발을 지원하는 형태로 최종 조정되었다.

원전 건설 및 운영의 주체로 선정된 한전은 초기 발족했던 원자력과를 원자력실로 확대 개편하고 화력발전소 건설 및 운영경험을 갖춘 사내 요원과 극소수의 원자력 경력 직원을 영입하였다. 또한 해외에서 원자력 기술 훈련을 받은 외부 인원의 영입을 병행하여 건설 준비 체계를 다졌다. 해외 원자력 교육을 이수한 기술자 주도로 원자력 발전 사내 교육을 시행하는 한편 원자력연구소의 협조로 원자력 발전 기초 과정을 개설하여 건설 및 운영 요원의 확보 및 양성에 주력하였다. 우수 요원 확보를 위해 대학과 협조하여 원자력 요원 장학 제도를 시행하였으며 사내의 우수한 기존 사원 영입을 촉진하기 위해 원자력 수당 제도를 신설하기도 하였다.

첫 원전 고리 1호기에 얽힌 사연

우리나라 최초의 원전인 고리 1호기의 건설은 극도로 열악한 재정 사정과 기술 및 산업 기반의 취약으로 공급자가 설계, 제작, 건설 및 설치, 시운전의 전 과정을 모두 책임지는 일괄도급 계약 형태로 추진되었다. 1968년 4월 미국의 제너럴일렉트릭, 웨스팅하우스, 컴버스천 엔지니어링 등 3

개사와 영국 원자력수출공사British Nuclear Export Executive 등 4개사에 예비견적서 제출안내서를 발송했다. 예비견적서 제출에는 턴키방식의 건설 계약으로 하되 공사 자금 확보를 위한 차관을 제의사가 주선할 것을 부대조건으로 했다.

이즈음 우리나라의 재정 사정은 극도로 핍박하여 모든 국책 사업을 업체가 주선하는 해외 차관으로 진행되었다. 이때 한전의 주계약자 선정에는 책임자인 김종주 기술이사 밑의 김석진, 문희성, 민경식, 노윤래 등이 관여하였고 원자력연구소의 이상수, 이관, 이창건, 임용규 등 외부 전문가들의 자문을 받았는데 여러 변수를 참작하여 가압경수로를 채택하도록 한 건의를 대통령이 받아들였다. 수십 년이 지난 지금 와 보면 그때 실무자들의 검토 의견을 귀담아 듣고 가압경수로를 선택한 것은 큰 행운이었다.

고리 1호기 주계약 협상이 마무리되어 갈 무렵 현장 공사 책임을 맡은 영국 측이 우리나라 노동 시장 조사를 해 본 결과 원자력발전소의 안전성 확보를 보장할 숙련된 노무 인력이 없어 공사에 필요한 숙련 기능공들까지 모두 해외에서 데려와야 한다고 주장하여 당혹스럽게 하였다. 오랜 고심 끝에 공사 현장에 가건물을 짓고 영국에서 필요한 훈련 장비와 물자, 훈련 교사, 관련 공업 규격과 기술 기준서 등을 제공하여 훈련한 뒤에 관련 자격을 취득한 사람만을 공사에 투입하는 것으로 어렵사리 합의하였다.

원전의 품질기준이 조선 산업 선진화에 기여

원전의 품질 기준은 후일 현대중공업의 조선업 발판을 마련하는 데 뜻밖의 기여를 하게 된다. 1970년대 초 울산 방어진에 우리나라 최초의 조선소를 건설하던 현대는 겨우 드라이 독(dry dock) 공사를 마친 상태에서 후속의 주 공장 건설을 위한 자금 확보를 위하여 정주영이 공장 설계도와 거북선이 각인된 500환짜리 주화를 들고 그리스, 노르웨이 등의 선주들을 쫓아다니며 불철주야 첫 유조선 수주를 위해 동분서주하였다. 선주들은 거북선이 무슨 대양을 가로지르는 배가 되겠느냐는 비아냥거림과 함께 한국의 조선기술을 믿을 수 없다며 연달아 퇴짜를 맞고 있을 때였다.

현대건설은 현대중공업에서 작업할 기술자 및 기능공들을 고리 1호기 건설 현장에 대거 투입하여 원자력 기술 기준에 따른 용접 작업 자격 등을 갖추게 되었다. 그 결과 1973년 여름에 완공된 고리 1호기의 원자로 격납용기 성능시험 합격인증서를 거머쥐게 되었다. 상재(商才)에 남다른 재능을 갖춘 정주영은 원자력 기술 기준에 따른 기능공들의 자격시험 합격증과 로이드선급협회가 공인한 원자로 격납용기 성능시험 합격증을 투명한 파일 폴더에 넣어 다시 선주들을 찾아갔다. "원자로 격납용기를 성공적으로 제작한 현대가 배를 못 만들겠냐?" 하며 선주들을 설득하여 최초 수주에 성공함으로써 잔여 조선공장 건설을 성공적으로 마무리하고 뒷날 세계 제일의 조선업 발판을 이루게 되었다.

웨스팅하우스와의 주 계약을 서명하고부터는 건설 허가 발급이 급선무였다. 당초 우리나라의 원자력법 체계는 일본의 것을 감안하여 제정되었기에 미국의 원자력법 체계와 달라서 계약 협상 과정에서부터 어려움을 겪었다. 미국 원자력위원회로부터 건설 허가와 운영 허가를 취득하는 데 필요한 예비 안전성 분석 보고서와 최종 안전성 분석 보고서만 제공하겠다고 완강히 고집하는 계약자에게서 국내 법규에 따른 공사의 주요 단계별 설계 및 공사 방법 승인에 필요한 자료를 제출하도록 합의에 이르기까지는 수많은 줄다리기가 이어졌다. 이렇게 어렵사리 제공받은 설계 자료들은 후일 발전소의 건설 및 운영 요원들에게 원전 설비를 보다 깊이 이해하는 귀중한 자료가 되었다.

석유파동이 불러온 원자력

고리 1호기 공사가 본격화되던 1973년 역사의 중요한 변곡점이 된 사건이 발생한다. 이해 10월 중동의 이스라엘과 주변 아랍국 사이에 벌어진 제4차 중동전쟁, 일명 '욤키푸르 전쟁'의 발발로 세계는 제1차 석유파동을 맞게 된다. 사우디가 주도하는 석유수출국기구 OPEC[19]이 1974년 1월부터 원유가를 대폭 인상하기로 결정하면서 세계적인 물가폭등이 일어났다. 배럴당 $2 남짓하던 원유 가격은 하루아침에 $8에서 $10로 하늘 높은 줄 모

---

19 OPEC: Organization of Petroleum Exporting Countries. 석유수출기구로서 본부는 비엔나 소재.

르고 치솟았다. 경제공황에 버금가는 파급력이었다.

한국도 직격탄을 맞았다. 당시 우리나라는 전력 생산의 거의 대부분을 화력 발전에 의존하고 있었다. 화력 발전은 국산 무연탄과 중동 수입 석유를 주 연료로 하는 것이었고, 당연히 제1차 오일쇼크가 우리나라 전력 생산에 미친 영향은 막대했다. 이에 정부는 무엇인가 근본적인 대안이 필요하다 느꼈고, 그 모색의 일환으로 떠오른 것이 원자력이었다. 이때부터 우리나라의 장기 전원 계획은 기저 부하를 원자력과 석탄이 담당하는 정책으로 가닥을 잡게 된다. 1973년 착공된 우리나라 최초의 원자력발전소인 고리 1호기의 건설 사업은 이런 긴박한 동기에서 추진되었다.

석유파동은 '석유 한 방울 나지 않는' 우리나라는 물론, 석유를 수입해야 하는 전 세계 국가들이 원자력 발전을 선택하는 결정적인 계기가 되었다. 특히 대규모 산업 동력을 필요로 하는 서방 선진국과 아시아에서는 에너지 안보 차원에서 원자력 우선 정책을 추진하였다. 이는 냉전하의 공산권 블록에서도 마찬가지여서, 소련을 중심으로 하는 공산권의 원자력 클러스터가 형성되었다. 과거에 발생한 3대 원전 사고―1979년 미국의 TMI 원전 사고, 1986년 우크라이나에서 발생한 체르노빌 원전 사고, 2011년 일본에서 발생한 후쿠시마 원전 사고―들도 맥락을 추적하자면 모두 석유파동의 대책으로 추진했던 원자력 발전의 정책적 배경이 기저에 깔려 있는 것이다.

허먼 칸의 족집게 대박 예언

50년대에 시슬러가 이승만에게 '아토믹 머신' 얘기로 원자력 개발 의욕에 불을 붙였듯이, 70년대 허먼 칸Herman Kahn은 박정희에게 새마을운동을 비롯한 한국의 경제 개발 전략을 자문하는 멘토 역할을 하였다. 원래 핵공학 전문가로 냉전이 한창이던 50년대 랜드(Rand) 연구소에서 핵전략 전문가였던 그는 수소탄 개발의 대부였던 에드워드 텔러Edward Teller와 연구했으며, 기발한 설득력으로 미국 정부의 핵전략을 주도했던 전설적인 미래 예측가로 알려졌다.[20]

칸은 60-70년대 기록적인 경제 성장을 이룩한 일본을 위시한 아시아 경제 발전에 흥미를 가지고 미래예측 연구에 몰두하였고 활발한 자문 활동을 하였다고 한다. 그는 일본의 정치 지도자들을 비롯하여 한국에도 자주 드나들면서 박정희를 위시한 여러 경제계 지도자들에게 자문했다고 한다. 그의 한국 경제 전망에 대한 예측은 50년대 시슬러가 이승만에게 예측했던 원자력 발전 시기 예측만큼이나 정확했다! 그가 1979년에 펴낸 책에서 한국이 2000년경에는 세계 10대 경제 강국에 진입한다고 예견했다고 한

---

20 칸은 1962년 저서 《생각할 수 없는 것을 생각한다(Thinking about the Unthinkable)》로 유명해졌으며, 자신의 허드슨 연구소(Hudson Institute)를 설립하여 왕성한 활동으로 그는 미래 예측 분야의 개척자로 알려져 있다.

다.²¹ 이는 40년이 지난 지금 돌이켜볼 때 60년 전의 시슬러의 원전 예측의 데자뷔가 아닌가? 과연 박정희의 칙사 대접을 받고도 남을 만하다. 흥미 있는 사실은 그가 경제 발전의 전문가라기보다는 핵전략 전문가였다는 것이다. 또 하나의 여담은 그가 예측한 세계 최고의 일본의 경제는 80년대 들어 '잃어버린 20년'으로 침체를 겪고, 오히려 오늘날 중국이 그 위치를 차지하게 되었다는 사실이다.

---

21 Herman Kahn, "World Economic Development: 1979 and Beyond", Westview Press(1979). 칸의 박정희 자문활동에 관한 비화는 2010년 한국을 방문한 허드슨 연구소장 제롬 글렌(Jerome Glenn)이 증언하였다고 보도되었다. (https://monthly.chosun.com/client/news/viw.asp?ctcd=F&nNewsNumb=201404100024)

3 아아! 원자력연구소

　우리나라의 원자력 기술 자립에 핵심적인 역할을 한 출연 기관은 한국원자력연구소이다. 1959년 창립 이래 사정에 따라 여러 차례에 걸쳐 명칭 변경이나 조직 변경은 있었지만 60년 역사를 일관되게 국가 유일의 원자력 전문 연구 개발 기관으로서 중추적인 역할을 해 왔다.

　원자력연구소 설립 초창기의 역사에 대해서는 앞서 살펴봤지만, 1959년 설립 이듬해 4.19혁명으로 이승만 정권은 퇴출되고 다시 이듬해에는 5.16 군사정변으로 박정희 정권이 집권한다. 이러한 정변으로 창립 후 몇 년간은 제대로 연구 체제를 갖추기 어려웠다. 이승만의 숙원이었던 첫 원자로 TRIGA Mark-II 원자로도 그로부터 3년 뒤인 1962년에야 준공되었다.[22] 그러나 그 뒤 1979년까지 박정희 정권의 중화학기술 우선 정책과 석유파동 등 시기적 호재로 굳건한 기술 개발 바탕을 마련하였다. 특히 1973년 한국원자력연구소의 민영화는 원자력 기술의 산업화를 향한 기폭제 역할을 하였다고 평가된다.

22　물론 그 뒤 1969년에는 국가 경제 여건이 개선되어 출력이 한 차원 높은 TRIGA Mark-III도 도입했을 뿐 아니라 TRIGA Mark-II의 출력도 두 배 정도로 증대시켜 연구로 '국산화'의 바탕을 마련하였다. 1995년에는 국산 연구로('하나로')를 준공하였고, 2017년에는 요르단에 수출한 연구로(JRTR)를 준공하는 개가를 올렸다.

3.1 스무 살 청년시절을 돌아보면

1959년 설립된 원자력연구소는 금년 60년 회갑을 맞아 최근 《한국원자력연구원 60년사》를 발간하였다. 이 책자에서는 과거 60년의 세월을 아래와 같이 구분하고 있다.

1960년대 태동기
1970년대 기반 조성기
1980년대 기술 자립기
1990년대 기술 자립 성숙기
2000년대 기술 고도화기
2010년대 기술 선도기

이러한 시대적 구분은 '원자력의 평화적 이용' 기술 발전의 궤적을 우리나라의 기술 자립의 관점에서 조망해 보면 적절한 구분으로 볼 수 있다. 그러나 원자력 역사 전체를 '빅 히스토리' 관점에서 조망하면 기술적 관점과는 다른 글로벌 차원의 큰 그림을 볼 수 있다.

우리나라 원자력 60년사를 돌이켜보면 주로 세 토막으로 구분해 볼 수 있다. 그중 첫 20년(1959-1979)의 말미는 우리나라 역사에서 조국 근대화가 무르익던 와중에 10.26사태로 정변을 맞아 그동안 추진해 오던 원자력 기술 개발의 동력이 갑자기 중단돼 버린 것이다.

필자는 이 책을 쓰기 위해 1979년 4월 6일 발간된 《한국원자력연구소 20년사》를 들춰봤다. 연구소의 역사에 관해 초기 20년간의 공식적인 역사가 잘 정리돼 있다. 당시의 편집진은 공적인 기록들을 근거로 역사적인 기록을 남기기 위해 고심해서 정리한 흔적이 보인다.[23]

이제 와서 그 시절을 회고해 보면, 1979년은 우리나라 원자력 60년사의 변곡점이 된 시점으로 볼 수 있다. 그 전의 역사는 기반 조성기로서 원자력의 평화적 이용의 뿌리가 내리고 산업적 성장을 시작했던 시기이다. 물론 '한강의 기적'이라는 우리나라 경제 성장과 함께 발맞추면서….

아홉수의 해였던 1979년?

1979년 당시에는 20년 또는 40년 후 미래의 한국의 원자력을 어떻게 전망했었을까? 궁금하여 들춰보니 《한국원자력연구소 20년사》의 본문 후미에 실려 있는 '한국 원자력의 앞날'이라는 제목의 글이 보인다. 이 글은 원자력의 네 가지 주요 측면을 거론하면서 미래를 전망한다. 그중 두 가지는 기술적 측면(기술의 다학제성과 산업 구조와의 연관성)이고 다른 두 가지는 기술 외적 측면(국제성과 사회성)을 다룬다.

---

23 이 20년사에는 그해 말 발생한 10.26사태는 물론, 3월 27일 발생한 미국 쓰리마일 아일랜드(TMI) 원전 사고에 대한 언급도 없다. 입력 자료들은 이미 그 전년도에 수집하여 저술에 착수했기 때문이다.

"원자력은 무한한 가능성을 가진 에너지이다. 인간은 겨우 그 에너지의 이용을 본격적으로 시작한 정도이며, 우리나라는 이제 시작에 접어든 셈이다. 원자력의 가능성이 무한하다는 것은 좋은 뜻과 나쁜 뜻에서 모두 타당하다. 화석에너지가 공급 위기에 처해 있는 지금, 인류에게 가장 손쉬운 대체에너지로 등장한 것이 원자력이다."

"원자력 발전은 이제 전 세계의 높은 관심을 모으고 있고, 우리의 경우엔 특히 야심적인 원자력 발전 계획을 세워두고 있다. 반면 원자력의 이용은 극히 위험한 가능성을 안고 있기도 하다. <u>그중 하나는 핵무기의 개발로 인한 세계 평화에의 위협이며 다른 하나는 아직도 확실치 않은 방사선의 장기적 장해 문제이다.</u> 원자력은 인류문명을 하루아침에 송두리째 잿더미로 만들 수도, 또는 인류문명을 또 한 단계 높여주는 새 에너지의 탄생도 될 수가 있는 것이다. 역사 속에서 인간은 수많은 이기를 발명해 왔고, 몇 차례의 에너지 혁명을 가져왔다. 그러나 그 어느 이기나 에너지도 그 이로움과 해로움 사이의 폭이 원자력의 그것만큼 넓었던 것이 없다.

모든 새로운 과학기술의 결과가 그런 것처럼 원자력도 사회적 중요성을 갖고 있다. 그런데 원자력의 경우 이것은 다른 어느 것보다 심각하다. 왜냐하면 방사선이라는 인체에 대한 위험이 그 속에 도사리고 있기 때문이다. 적어도 높은 방사선량의 즉각적인 위험에 대해서는 잘 알려져 있는 것으로 믿어지고 있다. 하지만 저선량의 방사선이 20년 또는 30년 또는 그 이상 오랜 기간 인체에 어떤 해를 미치게 되는지는 아직 잘 알 수가 없다. 이 방면의 연구는 아무리 길게 잡아도 아직 40년을 넘지 않기 때문이다. 게다가 그것이 인간의 신체에 어떤 유전적 효과를 오랜 기간에 걸쳐 남기게 되는지는 아무도 단언할 수 없다. 또한 원자력발전소가 지속적으로 건설될 경우 안전사고의 위험도는 아무래도 높아질 것이며 방사성폐기물의 처리도 더욱 복잡한 문제로 대두할 것이다. 이것은 인간의 생활환경의 문제와 직결되고 환경 문제는 경제 발전이 이뤄질수록 더욱 인간의 관심을 모아갈 분야라는 것은 외국의 예를 보아서도 족히 짐작할 수 있다.

생활환경에 대한 관심은 어느 정도 경제 개발에 성공하고 있는 한국에서도 이미 제법 높아가고 있다. 높아가는 국민의 교육 수준을 고려해 볼 때, 게다가 좁은 국토와 높은 인구밀도를 고려해 볼 때, 앞으로 한국의 원자력 개발에는 국민의 반응이 절대적인 중요성을 띠게 될 날이 머지않아 닥칠 것으로 보인다. 머지않아 우리나라에서도 미국의 환경청 *Environment Protection Agency*이나 일본의 환경청 같은 정부 기구가 필요하게 되겠지만 우리나라의 원자력 사업에는 이 문제가 앞으로 가장 큰 난관으로 등장할는지도 모른다. 이에 현명하게 대처하기 위해서는 원자력의 안전성 문제 및 환경 문제에 대한 연구는 물론, 국민에게 원자력에 대한 이해를 높이도록 적극적인 노력이 필요할 것이다.

과학기술의 어느 분야보다 날카로운 국제적 관심의 초점이 되어 있는 것이 원자력이다. 미국과 소련 그리고 중공과 인도를 둘러싼 국제 정치의 중요 부분은 핵무기의 보유와 확산을 둘러싼 협조와 갈등의 소용돌이를 이루어왔다. 1976년까지에 우리나라는 핵연료 사이클을 완전히 도입하려는 계획으로 있었고 그 대상으로 프랑스와 접촉을 계속하여 계약단계에까지 이르렀었다. 그러나 미국의 핵확산 방지 정책의 입김 때문에 우리의 원자력 발전 계획은 수정을 강요당했고 그 결과 핵연료 개발 공단은 그 방향의 전환을 꾀하게 되기도 했다. <u>자원과 기술, 이 두 가지 측면에서 모두 한국의 원자력 개발은 험난한 미래를 앞에 두고 있다.</u>"

이 마지막 문장을 보면서 당시 연구소의 절망적인 분위기를 느낄 수 있다. 마치 10.26사태를 예견한 느낌까지 받는다! 그러나 그건 오버, 사실은 당시의 원자력 발전 계획을 보면 2000년도까지 40기의 원전 건설 계획을 수립해 놓고 있었다. 이 정도면 일본처럼 야심찬 핵연료주기 인프라가 구축되어야 할 텐데, 손도 못 대게 됐으니 절망스러울 수밖에!

한편, 원자력의 사회적 문제에 대해서는 '원자력과 사회'라는 제목으로 아래와 같은 문장이 보인다.

"지난 20년의 원자력사업을 돌이켜볼 때 우리는 한국인들의 원자력에 관한 의식 구조에 하나의 큰 특징이 있음을 발견한다. 그것은 원자력 발전과 더불어 여러 외국에서 볼 수 있는 원자력 이용에 관한 지식층 또는 민중의 간섭이 거의 없다는 사실이다. 중공의 핵실험에 대해서는 그에 따른 방사능 낙진 조사가 날카롭게 분석되어 국민에게 널리 알려졌고 또 그에 따른 관심은 높았다. 그러나 그밖에 원자력 일반에 대한 반론은 별로 찾아 볼 수가 없다. 물론 이와 같은 특이한 의식 구조는 한국이 원자탄 덕분에 쉽게 일제에서 벗어날 수 있었다는 한국인이 가진 원자력에 대한 첫인상이 크게 작용한 것이 틀림없다.

이처럼 원자력을 어렵게 보지 않는 태도는 또한 우리나라의 과학기술 진흥이 원자력원으로 시작됐다는 데에서도 그 원인을 찾을 수 있다. 이런 배경은 원자력을 과학의 일부로 보기보다는 과학의 대표로서 보는 관념을 국민들 사이에 길러준 것으로 보인다. 또한 50년대 후반 이래 수많은 과학기술자가 직접, 간접으로 원자력에 관련돼 있었기 때문에 많은 지도급 과학기술인들 사이에는 원자력에 대한 향수 같은 것까지 있음을 알 수가 있다. 게다가 국내의 과학 관련 뉴스가 없었던 60년대까지의 한국 매스컴은 다투어 원자력 연구의 결과를 때로는 확대해 가면서까지 보도하여 국민에게 원자력에 관한 좋은 인상을 심어주었다.

이와 같은 사회 일반적인 배경 때문에 외국에서는 적지 않은 논란을 일으키고 있는 원자력발전소 부지 선정 등 안전 문제가 우리나라에서는 도외시되고 있다는 것은 아니다. 원자력 안전성 확보 문제에 대해서는 원자력 연구소와 과기처 등이 대단한 노력을 기울이고 있어서 일반 국민에게 신뢰감을 주고 있거니와, 한편 일반 국민도 우리나라 에너지 필요성을 너무나 잘 인식하고 있어서 조화 있는 협조를 하고 있다. 안전성에 대한 일반의 정당한 비판은 어느 때나 바람직한 것이며, 설령 밖으로부터의 비판이 없을 경우엔 자체 평가를 강화하는 방법도 계속되어야 할 것이다."

이 글로부터 짐작할 수 있는 것은 동 출판물의 저자는 1970년대 말 선진국의 반핵 동향을 알고 있었으나, 국내에는 별로 문제가 없는 것으로 보고 이를 국민 일반의 사회문화적인 의식과 연계하고 있다. 그 후의 역사가 증언하듯, 불과 10년 뒤 우리사회에 일어난 민주화 운동으로 원자력은 반핵의 파도에 부디치기 시작했다 (145쪽의 5.2 참조).

미국발 핵 비확산 정책의 펀치에 휘청거리던 1979년 봄, 미국의 쓰리마일 아일랜드(TMI)[24] 원전에서 노심 용융 사고가 발생하여 미국 내에서는 물론 유럽의 일부 국가들이 원자력 발전에 대한 정책을 수정하기 시작한 시점이다. 이 저자들 중 원자력전문가들은 TMI 사고를 접하고 한국이 야심차게 추진하던 원자력 발전의 미래에 암운이 비치기 시작한 증후를 알아차렸는지 모르겠다. 앞에서 검토해 본《한국원자력연구소 20년사》의 글로 미루어 볼 때, 당시에는 미국의 핵 비확산 정책의 이슈가 원자력의 국민

---

24 TMI(Three Mile Island): Nuclear Generating Station. 미국 펜실베니아주 서스쿼해나 강 가운데 있는 TMI 위에 건설된 PWR형 원전 제2호기에서 노심용융사고가 발생했다(1979.3.28.).

수용성 이슈보다 훨씬 중요하게 다루었음을 짐작해 볼 수 있다.

이러한 당시 한국의 상황은 그해 10.26사태의 발생으로 완전히 새로운 국면으로 전개된다. 마치 1960년대 초 4.19와 뒤이어 5.16군사정변의 발생으로 이승만 정권의 원자력이 정국의 소용돌이에 휘말리듯, 박정희의 리더십이 돌연 사라진 공백 속에 원자력은 갈피를 잡지 못했다. 나중에 밝혀졌듯이, 실은 이 시점이 한국의 원자력이 새로운 방향으로 진화하는 변곡점이 되었음을 당시는 누구도 알아채지 못했다. 허긴 이 시기는 원자력 선진국들도 과거의 관성에서 새로운 방향으로 기수를 틀게 되는 시절이었다. 다만 기울기가 반대였다. 한국은 상향으로, 서구 선진국은 하향으로….

이러한 과거 기록으로 유추해 볼 때 우리 사회에서는 과거 박정희 정권의 유신으로 태동된 민주화운동이 반미 정서와 반핵으로 진화할 뿌리였음은 예측하지 못한 것 같다(또는 짐작했더라도 공공기관의 기록으로 쓰지 못했을 수도 있다). 결론적으로 우리나라의 원자력은 1979년을 전후로 중대한 전환을 맞았다고 볼 수 있다.

자주국방의 맥락

70년대 미군 철수 시도에 경악한 박정희 정권의 자주국방을 향한 핵개발 의지는 프랑스의 재처리 시험 시설 도입 사업 추진으로 이어졌다. 재처리에 의한 플루토늄 확보 계획이었다. 그러나 한반도의 군사적 안정을 우려했던 미국정부는 이를 무산시켰고, 정부는 기왕에 계약하려던 후행 핵연료주기 기술 대신 선행 핵연료주기로 선회하여 '화학처리 대체사업'으로 우라늄 정련, 변환, 연료 가공 등의 기술을 도입하였다. 후행 부문은 조사후시험(PIE)[25] 시설과 방사성폐기물 처리 시험 시설이 포함되었다. 이들 시설들은 당시 원자력연구소의 신규 부지로 계획되어 있던 대덕공학센터에 건설되어 이후 국내 원자력 기술 자립에 중요한 기여를 했다. 이러한 일련의 핵연료주기 기술 사업화에 선도 역할을 한 것이 핵연료 성형 가공이다. 이 기술의 국산화 타당성을 확신하고 프랑스의 전문업체 세르카CERCA의 기술을 도입하여 대덕에 시설을 건설한 것은 나중에 핵연료 국산화 사업 성공의 바탕이 되었다.

우리나라의 원자력 기술 개발의 역사는 이러한 국제적 추세와 엮여 있다. 이승만 시절의 미국의 적극적인 지원을 받아 희망찬 출발을 했던 한국의 원자력 기술 개발은 냉전하의 남북 대치 상황과 미국의 핵 통제 정책이 개입되면서 한미 간의 정치적 갈등 요소가 되었다. 당시의 박정희 정권은 카터의 미군 철수 정책과 월남 패망을 보고 안보에 대한 불안으로 독자적인 핵기술 개발을 고려하였다. 이러한 계획은 유사한 정치적 상황에 처해 있던 대만이 한발 앞서 추진하고 있었으며, 우리나라의 경우 1970년대 핵기

---

25   PIE:Post Irradiation Examination

술 수출이 가능했던 프랑스의 차관 도입을 위한 협력이 성사되고 있었다.[26]

과거 이 시기 한국의 프랑스 차관 사업을 통한 원자력 기술 도입의 배경이나 경과에 대해서는 그동안 여러 자료에 언급되어 있으나, 최근의 결정판은 2016년 출간된 《김종필 증언록》이 있다.[27]

'창씨개명', 첫 번째 원자력 위기

10.26사태 직후 탄생한 제5공화국은 초기부터 미국 정부와의 협상 과정에서 국내 원자력 분야의 위기를 초래하였다. 자주국방 시도의 불씨를 완전히 진압한다는 명분으로 이미 20년 역사를 가진 한국원자력연구소를 폐쇄하려는 정부의 압력을 받게 되었다. 이를 이겨내는 방안으로 연구소의 명칭에서 '원자력'이란 세 글자를 '에너지'로 바꾸는 현대판 '창씨개명(創氏改名)'의 수모를 겪기도 하였다(다만 영문 명칭은 'Atomic'을 'Advanced'로 바꾸어 약자 'KAERI'는 그대로 사용하였다). 당시는 이미 고리 1호기가 가동 중이었고 월성 1호기도 준공이 임박한 상황이라 막 시작한 국내 원전들의 안전한 가동은 우리나라뿐 아니라 국제적으로도 매우 절박한 사

---

26 Mycle Schneider, "Nuclear France Abroad – History, Status and Prospects of French Nuclear Activities in Foreign Countries", Mycle Schneider Consulting(2009)

27 김종필, 《김종필 증언록》, 미래엔 와이즈베리(2016)

정이었다. 이를 최대한 연구소 폐쇄 불가(不可) 논리에 적용하여 연구소의 명칭변경과 연구 업무 내용을 대폭 수정 개편하는 선에서 정부 측과 타협이 이루어졌다. 그 결과 오늘날 국내 안전규제기관의 밑그림이 된 '원자력안전센터'가 연구소 안에 가동되었고, 외국 원자력 전문가의 빈번한 대덕 방문으로 국제적인 공인을 받는 단계로 발전하였다.

돌이켜 보면 1980년대 연구소가 '창씨개명'까지 하며 업무내용을 공개적으로 개편했던 것이 우리 원자력계가 맞이한 첫 번째 위기라 할 수 있다. 핵연료주기 기술 중의 민감 부분인 농축과 재처리를 원천적으로 제외한 핵연료 가공과 원전의 설계, 제조, 운전, 가동에 집중했던 지혜가 우리를 위기에서 구해준 셈이다. 결과적으로 우리나라의 원자력 사업이 오로지 평화적 이용에만 적용됨이 국제적으로 투명해지면서 훗날 20여 기의 원전을 건설, 운전하고 해외 수출까지 이룩한 원자력 기술 대국으로 성장하는 기반을 이룩하였다. '위기'를 '기회'로 전환시킨 그 첫 번째 사례로 평가할 만하다.

3.2 핵연료주기 기술 도입 시도

핵물질과 방사성폐기물. 이 두 가지 물질의 상대적 가치는 시대적으로 가변적이며, 그래서 두 물질에 대한 '처우'가 달라지고 관련 기관이나 사람들의 가치도 달라져 희비가 엇갈리게 된다. 우리나라와 같이 역동적인 변천을 겪는 사회에서는 이러한 희비의 엇갈림이 더 심할 수밖에. 80년대 초에는 국내 원전이 최초로 가동 시작하던 시점이라 핵연료 가공만이 핵연료주기 기술로 압축되어 민감 기술에 접근할 명분과 필요성이 없던 시절이었다. 그러나 2000년 이후 국내 원전의 수가 20기를 상회하면서 사용후핵연료의 재활용 등에 국제적인 명분이 쌓이게 된다.

앞서 《한국원자력연구소 20년사》에서 검토했거니와 우리나라 원자력의 역사가 엇갈리는 시점을 1979년 10.26사태로 본다. 이 해는 원자력의 평화적 이용의 대표적인 상징처럼 여기던 원전(TMI)이 첫 사고를 일으킨 해이기도 하다. 좀 덜 알려져 있지만, 이 해는 또한 1974년 인도의 핵실험의 여파로 미국이 주도한 핵확산 억제를 위해 미국의 자국 내 반핵 정책과 함께 국제적 차원의 핵확산 금지 정책을 마무리하던 무렵이기도 하다.

석유파동과 핵확산 파고(波高)

1970년대는 세계 원자력 기술사에서 중요한 전환기였다. 50년대 '원자력의 평화적 이용'에 대한 기치로 확산된 민수 원자력 기술 개발은 60년대 활발한 산업화를 거쳐, 때마침 봉착한 1973년의 석유위기를 계기로 원자력 발전과 핵연료주기 분야에서 선진국을 중심으로 상용화가 가속화되었다. 이 시기까지는 미소 냉전 체제하에서 미소 양국의 핵확산 우려에도 불구하고 원자력 기술은 비교적 자유롭게 전파되었다. 그러나 1974년 인도의 핵실험 여파는 마침 등장한 미국의 민주당 정권의 핵확산 우려를 불러일으켜 전례 없는 핵확산 억제 정책을 몰아가게 만들었으며, 평화적 목적의 우라늄 농축과 사용후핵연료 재처리 기술의 민간 이용에 대한 국제적 제약을 가져오는 계기가 되었다. 당시 집권하던 포드 대통령은 'Ford-MITRE 연구'를 통해 민간 원자력 기술의 핵확산 위험성을 평가하고, 뒤이어 집권한 카터 행정부는 미국 내 전문가집단을 동원하여 핵확산 억제 대안 기술 평가 프로그램 'NASAP'[28]을 통해 농축과 재처리를 우회하는 기술적 대안을 모색하였다. 또한 이를 국제적 차원으로 확대하여 IAEA 주최의 국제핵연료주기평가대회(INFCE)[29]를 개최하였다. 이러한 미국의 정책은 원자력을 산업화하던 유럽과 일본 등의 반발을 촉발하였으나 카터 행정부는 1978년 핵확산 금지를 법제화하여 미국 내외의 민감한 핵기술의 확산을 억제하는 정책을 추진했다.

원자력 기술의 양면성

원자력의 평화적 이용에서 하나의 걸림돌은 원자력 기술의 양면성이다. 원자력 기술은 핵무기든 원자로든 우라늄과 같은 핵분열성 원자의 핵을 중성자로 때려서 쪼개질 때 발생하는 질량결손에 의한 막대한 에너지를 활용하는 것이다. 이런 원리를 어느 쪽으로 이용하느냐가 군사용이냐 또는 평

---

28 NASAP: Non-proliferation Alternative Systems Assessment Program
29 INFCE: International Nuclear Fuel Cycle Evaluation

화적 이용이냐를 결정한다. 그래서 핵확산 문제는 핵분열을 할 수 있는 물질(fissionable materials)과 통제 기술에 따라 결정된다. 인간의 의도가 개입하는 것이다. 다만 이러한 기술적 기반을 갖추는 일은 대단한 역량을 필요로 하여 주로 국가적 차원의 노력이 요구된다. 그래서 맨해튼 프로젝트로 시작한 미국에 이어 소련, 영국, 프랑스, 중국 순으로 거의 국력에 비례하여 막대한 투자로 핵무기를 만들 수 있었다. 이들 핵보유 국가들은 원전 등 평화적 이용에도 군사적 시설 인프라를 민수용으로 개조한 것이 일반적이다.

핵확산 금지의 문제는 기존의 핵보유국들이 NPT 조약 등을 통해 여타 비보유 국가로 확산을 억제하려는 데 있다. 비보유국들은 보유국들의 핵확산 억제 정책을 불평등 조약으로 비판하고, 일부 국가들은 평화적 이용 시설에서 은밀한 핵물질 전용을 시도했다. 따라서 핵무기 제조에 사용될 수 있는 민감성핵물질(SNM)[30]을 평화적 이용 시설에서 전용하지 못하도록 보장조치(safeguards) 하는 것이 IAEA와 같은 국제기구의 역할이다. 미국을 비롯한 핵보유국들은 핵물질의 오용을 방지하기 위한 최우선 정책을 시행해 오고 있음에도 핵무기로의 전용의 위험성을 차단하는 근본적인 방법은 없는 것으로 알려지고 있다.[31]

30　SNM: sensitive nuclear materials
31　1975년 미국 TV에서는 핵무기 만들기가 얼마나 쉬운지를 대학생이 원자탄 설계를 해보였다고 방영하였다.

타고 난 핵연료의 처리문제 – 재처리

기술적으로 볼 때 선행 핵연료주기에 비해 후행 핵연료주기는 훨씬 어렵고 비싸게 먹힌다. 그 이유는 핵연료집합체가 원자로에서 연소되어 겉모양새는 그대로지만, 그 내용물은 핵분열 반응에 의해 생성된 고도의 방사성을 띤 각종 핵분열 생성물을 함유하고 있기 때문이다. 이들 핵분열 생성물질들은 끊임없이 강력한 방사선을 내뿜어서 인체에 위험하기 때문에 철저한 차폐와 격리를 해야 한다. 사용후핵연료의 처리 대상 물질을 온통 격납 차폐하므로 필요한 작업은 원격 조작 및 유지·보수 기술을 필요로 한다. 따라서 같은 양의 핵연료 물질을 다루는 데 선행 핵연료주기에서는 간단한 보호구만 갖추면 될 공정에 비해 후행 핵연료주기에서는 비교가 안 될 만큼의 막중한 시설을 갖추어야 하는 것이다. 따라서 후행 핵연료주기 기술 개발은 원자탄을 만들려고 국력을 투입했던 핵보유국들이 주동이 되어 확보하였고 시설 재활용 차원에서 민수 시설로 전환하게 되었다.

후행 핵연료주기는 우라늄 자원이 희귀하던 원자력 기술 개발 초기에 각광받는 개념이었다. 핵연료물질로 사용될 우라늄(U-235)이 귀하므로 무거운 동위 원소인 우라늄(U-238)이 중성자를 흡수하여 핵분열 효율이 우라늄(U-235)보다 더 좋은 플루토늄(Pu-239)을 연료로 쓸 수 있다는 사실은 원자력 이용의 매력적인 가능성으로 전문가들의 주목을 끌었다. 다만, 플루토늄을 회수 재사용할 수 있는 일련의 기술적 공정을 구현하기 위한 재처리 시설이 필요하다.

우리나라는 70년대 정부 주도의 원자력 기술 개발 정책으로 한국원자력연구소가 민영화되면서 본격적인 연구 개발이 추진되었으나 당시는 산업화 기반이 취약하여 선진국의 원자력 기술을 도입하였다. 경수로 원전 도입으로 70년대 후반 고리 1호기가 가동되었으나, 국내외 여건상 기술 자립은 80년대 이후로 지체되었다. 더구나 후행 핵연료주기 기술은 연구비 확보와 국제적인 제약 등의 이유로 더욱 늦어져서 1990년대 들어서야 본격적인 연구가 시작되었다. 한국원자력연구소를 중심으로 수행되어 온 우리나라의 후행 핵연료주기 기술 개발의 경과를 되돌아보고자 한다.

사용된 연료의 재사용을 위한 재처리-재가공 기술은 경수로 핵연료 주기는 물론이지만, 특히 연료 재사용 효율을 대폭 증대시키기 위해서는 고속로가 효율적이다. 그래서 '원자력의 평화적 이용' 정책 추진이 궤도에 오른 1960~1970년대에는 고속로를 중심으로 하는 플루토늄 회수 재사용 핵연료 주기가 선진국의 주요 기술 개발 목표가 되었다. 이러한 정책은 미국을 비롯한 유럽의 선두국과 일본이 적극적이었다. 이들 국가들은 70년대 본격적으로 상용화된 경수로의 후속으로 고속로와 핵연료주기 상용화를 위한 기술 개발에 주력하였다. 그러나 80년대 전력 수요의 침체, 유가 안정 등으로 원자력의 경쟁력이 둔화되고 고속로의 기술적 문제 해결이 지연되면서 90년대에는 대부분의 프로그램이 중단 또는 침체기로 접어들게 되었다. 이 부문의 후발국인 우리나라는 90년대부터 선진국의 선례를 벤치마킹하여 기술 개발을 추진하였으나 최근 탈핵 정책으로 중단 위기를 맞고 있다.

애국심은 냉전 시절의 유산?

냉전 시절에는 온 세상이 동서 양 진영으로 나뉘어 핵 대결을 벌였다. 6.25전란으로 인해 냉전이 열전(熱戰)으로 현실화되어버린 우리 한반도는 그 경계선의 첨단으로 휴전선은 냉전이 종식된 이후 아직까지도 계속되는 이념 대립의 현장이다. 그 냉전 시절 우리나라에서 애국심은 반공과 동의어였다. 냉전의 상징과도 같은 한반도 상황에서 원자력도 애국심 얘기라면 빠질 수 없는 또 한토막이 있다.[32]

냉전시절 북경공항의 홍위병 검문에서 살아난 이야기

1975년 7월 프랑스와의 핵주기 시험 시설 계약차 프랑스를 포함한 유럽의 원자력 시설 견학차 출장길에 올랐다. 몇 개국 방문이 마무리되어 갈 무렵 프랑스의 그르노블 지역 방문 시에 급히 귀국하라는 연락을 받고 서둘러 귀국 편 항공 예약을 했다. 항공 루트는 파리의 샤를드골 공항으로부터 아테네, 카라치, 그리고 북경 등 세 군데 기착지를 거쳐 돌아오는 복잡한 남방 루트였다. 문제는 당시 문호가 개방되기 전의 중공을 거쳐야 했다는 것이다. 중공은 그 악명 높은 홍위병이 군림하던 문화대혁명(1966.5~1976.12) 시절이었다.

---

32 김진휴, 《산하-은혜의 삶》, 정민사(2012)

한산하기 짝이 없는 북경 공항 청사는 옛날의 타일 건물이었고, C-46 같은 프로펠러 비행기가 청사 앞에 계류 중이고, 제트기는 우리가 타고 간 B707 Air France 한 대뿐이었다. 이리저리 약 한 시간이나 지났을까. 여권을 가져갔던 두 홍위병이 나타나더니 주인을 찾아 여권을 차례로 돌려준다. 그런데 이게 웬일인가, 내 여권은 돌려주지 않는다. 그리고 내 옆에 앉아 있던 월남전에 참전했다던 젊은 미국인 사업가도—아마도 적성국가로 간주되는 한국이나 미국인은 불청객인 모양이다—바짝 다가가서 "Where is my passport?" 했더니 대뜸 나오는 대답이 "You are not supposed to come to be in Beijing without a proper visa!"라며 유창한 영어로 지껄인다. 분별없는 마구잡이 홍위병이 갑자기 일등 관헌이 된 것 같았다. 순간 잘못 다투다가는 봉변을 당할 수도 있겠다 싶어 어물어물 내 자리로 돌아와 앉았다.

몇 분 생각하다 안 되겠구나 싶어 우선 내 발아래 깔고 있는 007 가방의 주요 서류들부터 없애야 할 것 같았다. 6.25전장을 누비며 산전수전 다 겪은 나로서 일신상의 안위는 나중이고, 우선 국가적인 중요한 기밀서류를 어떻게 처치할 것인지 난감했다. KAL기 납북 때 우리 형님이 '비밀취급인가증'을 기내에서 씹어 삼켰다는 얘긴 들었지만, 이 두툼한 자료들을 삼켜 버릴 수도 없는 노릇이고! 그때 언뜻 생각한 것이 계속 동경으로 갈 옆 사람에게 부탁할 수밖에 없다는 것이었다. 만일 중공에 이 국가 보안 문서들이 압수되면 우리의 원자력 개발 계획이 일거에 노출될 것이고, 소련과 북한에까지도 도달할 수 있다! 비상 대책이 필요했다. 다행히 그간 대화로 앞좌석에 앉아 있는 서독 출신 중년신사가 사업차 일본에 가는 길이라는 것을 알고 있었다. 고교시절 익혔던 독일어를 간혹 대화에 섞어 쓰며 친밀감도 있는데, 동독에 대해 비교적 비판적인 그의 발언으로 반공적 입장을 가늠할 수 있었다. 귓속말로 그에게 운을 띄워 봤다. 반응은 긍정적이었으나, '걱정 마, 괜찮을 테니'라는 편한 소리를 하고 있었다. 내가 '아니야, 이곳은 예측할 수도 없고, 우리나라와는 3년 동안 전쟁 후 아직도 휴전 중인 나라란 말이야' 했더니 좀 이해되는 모양이었다. "부탁이 있는데 내 발 밑에 깔고 있는 가방에는 아주 중요한 서류가 들어 있어. 대단히 죄송한 말이지만, 만일 내가 납치되어 억류된다면 이 가방을 동경에 있는 한국 대사관에 전달해 주면 좋겠어" 했더니 머리를 끄덕인다. 일시에 만사가 해결되는 기분이었다. 재빨리 호주머니에 있는 물건들을 주섬주섬 챙겨서 가방에다 집어 넣고 발로 톡톡 차서 앞좌석 아래로 밀어 넣었다.

그들이 나를 납치 억류는 못 한다 하더라도 다음 비행기 편으로 보낸다고 일시 심문에 응해 주도록 항공사와 타협을 할 수 있겠다 싶어 각오는 단단히 하고 있었다. 그런데 비행기 좌석이 거의 다 차 가는데 남자 홍위병 하나가 다가오더니 맨 끝으로 나의 여권을 건네주면서 아무 말 없이 사라진다. 이를 지켜 본 옆에 있던 미국 친구와 앞줄의 독일 친구가 웃으면서 악수를 청한다. 이윽고 비행기 문이 닫히고 출발이 시작된다. 고공으로 치솟아 고도를 잡을 때까지 멍하게 앉아 있었다. 만감이 교차된다.

이제 홍위병이 나의 여권을 돌려줄 때 비신사적인 행동에 항의라도 하고 싶었으나, 순간 홍위병의 생리를 많은 외국 언론을 통해 접해 본 나로서는 그만두는 것이 상책이라고 생각을 바꿨다. 얘들이 누군가? 중공 원자탄 개발의 시조인 첸쌍창 박사 내외를 청화대(淸華大) 연구실에서 끌어내서 갖

은 모욕을 주고, 반동 학술권위자로 몰아 숙청하고 시골로 내쫓는 놈들을 내가 어쩐단 말인가?[33, 34]

33　부인인 허쩌후이(何澤慧) 박사와 첸(錢) 박사는 독일에서 핵물리학 분야 학위를 마치고 2차 대전 후 바로 프랑스에 건너와 핵물리학 분야에서 연구 활동을 하다가 1948년 귀국해 1958년 드디어 핵반응로를 개발하고 첫 핵실험에 성공한 중국 핵개발의 원조이다.

34　위 이야기를 읽으면 서스펜스가 팽팽하게 담긴 어느 할리우드형 첩보 영화를 떠올리게 된다. 그중에서도 이란혁명 중이던 1980년 1월 27일 테헤란 주재 6명의 미국 외교관들이 캐나다 여권으로 이란을 탈출했던 실화를 바탕으로 각색한 〈아르고(Argo)〉라는 영화가 백미이다. 미국 CIA와 할리우드가 합작으로 가짜 공연단을 꾸며 성공한 이 구출 작전은 실제 사건 발생 30년이 지난 2010년 출시되어 상당한 인기를 모았었다. 이 사건을 겪었던 전 대통령 카터도 이 사건과 영화에 대해 언급했다고 한다.

3.3 해외 벤치마킹

우리나라의 '원자력의 평화적 이용'의 역사를 돌이켜보자. 한마디로 살벌했던 냉전 때부터 살아남자는 의지 하나로 '맨땅에 헤딩'으로 시작하여 이런저런 기회를 타고 승승장구해 온 역사다. 세계에 유래를 찾기 힘든 성공 스토리다. 여기에는 국제협력도 중요한 몫을 했다.

국제관계의 베테랑이었던 대통령 이승만은 이미 1955년 제네바에서 개최된 '원자력의 평화적 이용을 위한 국제대회'에 대표 3인을 파견할 정도로 국제 협력에 관심이 많았고, 인재 양성을 위해 세계 여러 나라에 훈련생을 파견했다.[35] 물론 원자력의 평화적 이용을 증진하기 위해 설립된 국제원자력기구(IAEA)에는 1957년 창립 회원국으로 가입하여 원자력의 국제 협력에 모범 사례를 보여주었다. 우리나라가 40여 년 이상 IAEA로부터 각종 기술 협력 지원을 받아 기술진보에 밑바탕이 되었던 바, 2008년대부터는 개도국에게 공적개발원조(ODA)를 제공하는 입장이 되어 필요한 회원국을 지원하고 있다.[36]

---

35 이승만은 1933년 임시정부의 대표로 제네바에서 개최된 국제연맹회의에 한국의 독립국임을 알리러 파견된 바 있다. 그는 일본의 방해로 회의에 참석하지는 못했으나 체류 호텔에서 나중에 부인이 될 프란체스카를 만나 도움을 받았다고 한다.

36 공적개발원조(ODA, Official Development Assistance)는 OECD에서 개발원조위원회가 1969년 개도국의 경제·사회 개발을 위한 자금을 설정하면서 포괄적으로 사용하게 된 용어이다.

다자협력

세계 원자력협력의 중심축은 국제원자력기구(IAEA)다. UN의 '원자력의 평화적 이용' 목적을 위한 협력과 동시 핵확산을 금지하기 위한 양면적 활동을 위한 국제기구로 1957년 오스트리아 빈에 설립되었다. 우리나라는 IAEA 설립 회원국으로 적극 참여하여 그동안 많은 기술 협력 혜택을 봤으며, 2008년 공적 개발 지원 국가로 등극한 후로는 개도국 지원 활동에도 적극 참여하는 모범회원국이 되었다.

UN 외의 다자협력기구로는 파리소재 OECD/NEA 회원국으로 주로 원자력 산업과 관련한 선진국들과의 교류 협력 창구로 우리나라는 1993년 회원국으로 가입하였다. 이 기구는 선진국 간 경제협력을 기반으로 하므로 세계에서 손꼽는 원자력 대국으로 성장한 우리나라의 역할은 대폭 증대되었다.

지역 기구로는 아시아태평양원자력협력기구(RCA)의 사무국을 2004년 유치하여 아태지역 21개 회원국 간 기술 협력의 발판을 제공하고 있다 (IAEA와의 중복을 피해 주로 비발전 분야에 활동 영역을 맞추고 있다).

외국을 벤치마킹

원자력은 태생부터 국제 정치성이 강하여 IAEA와 같은 국제기구를 통해 국가 간 협력이 촉진되었다. 우리나라와 같이 어려운 여건 아래 있던 나라는 외국의 사례를 보고 배우고 필요에 따라서는 협력이 필수적이었다. 우리나라와 원자력을 견주어 볼 대표적인 국가로 이웃 일본과 유럽의 원자력 맹주 프랑스를 살펴보자. 이 두 나라는 우리나라와 같은 에너지 자원 빈국이라는 공통점으로 70년대 석유 위기를 기화로 원자력 개발 우선 정책을 펼친 점에서 우리나라에 좋은 참고가 될 뿐 아니라, 실제로 다양한 협력 파트너이기도 하였다.

① 일본과 대만

일본은 태평양전쟁의 패전국으로 원자탄의 쓴맛을 봤지만, 전후에는 아시아를 대표하는 원자력 산업의 선도국이 되었다. 전후 일본의 경제는 6.25전란에 개입한 미군의 군수 사업 혜택을 톡톡히 봤으며, 그 당시 해군 장교였던 나카소네 대위는 후에 일본 수상이 되어 원자력을 중흥시키는 중요한 역할을 한다. 일본은 막강한 산업 재벌들이 서방의 원자력 산업과 제휴하여 여러 노형의 국산화를 통해 세계 3위의 자국 내 원자력 산업은 물론, 해외 수출까지 시도해 오고 있으나 첫 수출은 2009년 UAE에 수출한 한국에 기록을 빼앗겼다.

우리나라보다 한발 앞서 갔던 일본의 원자력 분야는 이승만 정권의 원자력 태동기부터 일본어를 하는 원로들이 일본 문헌을 참고하여 큰 도움이 되기도 하였다. 우리나라 원자력법은 일본법을 많이 참고하였다고 하며,

특히 전문용어 번역에서 일본의 사례를 채택하였다고 한다.[37] 그러나 연구 개발 자원이 부족하던 우리나라의 초창기 원자력 과학 기술의 전문적인 지식 습득에서 일본의 협력은 중요한 한 축이었을 것으로 짐작해 볼 수 있다. 80년대에는 일본의 아시아 지역 주도 정책에 따라 한국원자력연구소를 비롯한 많은 원자력 요원들이 한일 원자력 협력 자금으로 일본의 여러 기관에서 훈련을 받거나 연구를 했다.

우리나라가 일본에서 배웠던 중요한 '원자력 기술'에는 국제관계가 포함된다. 일본은 세계 3위의 원자력 대국이면서도 유엔 안보리 상임이사국이 아니므로 민감한 원자력 기술에 관해서는 미국과의 쌍무협정을 거쳐야 한다. 이 사항은 우리나라의 경우와 유사한 예로서, 1980년대 일본의 재처리 시설(도카이 재처리 실증 시설)의 운영에 대한 미국의 승인에 막대한 외교적 노력을 경주했던 사례가 있다. 일본은 원자력 산업의 필요에 따라 민감한 핵물질을 처리할 수 있는 '포괄적 동의'를 미국으로부터 승인받았다.[38,39]

---

37 이창건, "원자력 엘리트 스쿨강좌", 카이스트(2017)

38 하영선, "미일 신원자력 협력 협정에 관한 연구", 한국원자력연구소 연구보고서 (1994). 참고로 이 미·일 간 신원자력 협력협정은 2018년 7월 2일자로 자동 연장되었다.

39 이 사례는 우리나라에서도 한국원자력연구원의 듀픽(DUPIC)과 파이로(Pyro)등 후행 핵연료주기의 민감성 핵물질 처리 기술 개발에 참고한 바 있다(2015년 한·미 원자력 협정개정안 참조).

제I부 원자력의 여명

아시아에서 또 하나의 좋은 참고 사례가 된 나라는 대만이다. 냉전시절, 아시아의 반공 우방국이었을 뿐 아니라 지정학적 입장과 핵문제에 관한 미국과의 관계에서도 모종의 공통점을 안고 있다. 대만은 70년대 플루토늄 생산로(NRX)와 재처리 시설 도입에서 우리나라의 선례가 되었으나 미국의 견제로 무산되었고, 미국으로부터 가압식(PWR)과 비등식(BWR)을 혼용한 경수로 원전을 도입하였다. 90년대 민주화 이후 반핵 양상도 우리나라와 유사점이 많아 탈핵 정책에 대한 상호 참조 사례가 되고 있다.

② 프랑스

프랑스는 원자력의 선도 국가로서 세계 원자력 시장에서 일찌감치 미국이나 영국과 경쟁했다. 70년대 박정희 정권 시절 우리나라의 핵연료주기 기술 도입은 널리 알려진 사실이며, 많은 수의 요원들의 훈련과 대덕 연구시설 공급을 했던 파트너이다. 아울러 우리나라가 채택한 미국 웨스팅하우스형 가압경수로(PWR)를 도입하여 국산화한 성공 사례로 우리나라와 쌍벽을 이루며, 80년대 초에는 울진원전을 수출한 바 있다. 프랑스는 유럽원자력기구(Euratom)를 통해 유럽의 원자력을 주도했을 뿐 아니라 일본의 후행 핵연료주기 산업에도 '선생' 역할을 했다. 1980년대부터 일본은 후행 핵연료주기를 위해 사용후핵연료를 프랑스에 재처리를 위탁했고, 2000년대에는 프랑스가 일본의 로카쇼무라에 상용재처리 공장 시설의 설계를 기

술 이전하고 건설에 참여하였다.[40]

참고로 프랑스와 일본은 우리나라 원자력 사업의 롤 모델로서 사용후핵연료를 법적으로 '재사용 가능한 자원'으로 정하여 고준위폐기물과 구분한다. 그도 그럴 것이 이 국가들은 사용후핵연료를 재처리하기 때문에 사용후핵연료물질에서 분리되는 핵물질과 방사성폐기물은 별도로 구분해서 다루어야 하기 때문이다. 사용후핵연료에 대한 이러한 입장은 IAEA와 같은 국제 무대에서 원자력의 평화적 이용을 위한 국제협정이었던 속칭 '공동협약(Joint Convention)'에 대한 논의에도 반영되었다. 이 협약의 긴 명칭은 재처리 국가들과 직접처분 국가들 간에 사용후핵연료를 고준위폐기물과 구분해야 한다는 입장으로 대립했기 때문이다.[41] 미국을 비롯한 직접 처분 정책을 채택하는 여러 나라들은 사용후핵연료를 재처리하지 않고 직접 처분하므로 고준위폐기물로 정했기 때문이다. 그렇다면 우리나라는 어떤가? 아직 어정쩡한 상태다. 과거 90년대만 하더라도 프랑스나 일본의 사례를

---

40 이 상용 시설은 연 800톤 규모로 70년대 중반에 프랑스에서 우리나라에 이전하려던 재처리 시설의 규모는 백 분의 일도 안 되는(연 6톤) 조그만 '모형' 정도로 볼 수 있다.

41 공동협약의 공식명칭은 "Joint Convention on the Safety of Spent Fuel Management and on the Safety of Radioactive Waste Management(사용후핵연료 및 방사성폐기물 안전관리에 관한 공동협약)"로서 통상 "공동협약"으로 지칭된다. 1997년 9월 27일 채택되어 2001년 6월 18일 발효되었다. 여기서 공동의 의미는 사용후핵연료와 방사성폐기물에 공히 적용된다는 것으로 재처리 정책 채택 국가들과 직접처분 정책 채택 국가들 간의 용어에 대한 합의 문제가 작용되었기 때문이다.

벤치마킹하며 사용후핵연료는 재활용 가치가 있는 자원으로 다루었으나, 방사성폐기물 처분 부지 문제와 꼬이면서 2000년대부터 사용후핵연료 중간 저장 부지도 못 잡는 현실에서 재활용 가능성을 상정하는 것은 어불성설이기 때문이다. 재활용을 못 할 것 같으니 그냥 고준위폐기물로 부르는 눈치다. 그런데 처분도 어렵기는 마찬가지! 그래저래 원래대로 중간 저장이라도 됐으면 좋으련만…. 요즘 상황을 보면 중간 저장은커녕 소내 임시 저장도 못해 원전 운영을 멈출 지경이 된 것이 현실이다.

그런데 그동안 우리 사회는 너무도 많이 달라졌다. 압축성장만큼이나 고속으로 정치·경제·사회 다방면에서 몰라보게 변했다. 특히 경제성장 못지않게 정치의 민주화가 이루어졌다. 과거 수십 년간의 이런 변화 속에 우리 사회에는 수많은 '흑조'들이 등장했다. 작금의 우리 사회 지도층은 예전에 선배들이 고생스럽게 이룩한 업적으로 이룩해 놓은 원자력인프라는 국가의 소중한 자산(asset)이 아니라 위험성을 품고 있는 부담(liability)으로 여긴다.

③ 북미(미국, 캐나다)
미국은 말할 필요도 없이 우리나라 원자력 역사에 절대적인 역할을 해왔다. 기술 협력뿐 아니라, 원자력 정책과 특히 북한 핵문제와 관련한 국제 관계에서 절대적인 위치 때문이다. 미국은 자국 내 원자력 산업의 침체로 원자력 종주국의 위치를 잃었고, 이제는 한국형 원전의 미국 시장 진출

이 거론되기에 이르렀다. 그러나 비발전 분야를 포함한 첨단기술융합 분야에서는 여전히 중요한 파트너이다. 핵연료주기 분야에서도 1980년대부터 중요한 연구개발 협력 파트너였고 양국 간 쌍무협정에 의거, 듀픽(DUPIC)[42]과 파이로 프로세싱(Pyro Processing)과 같은 후행 핵연료주기 기술 협력에서 미국의 파트너십은 절대적이다.

캐나다의 경우, 노형이 중수로에 국한되어 있어 제한적이긴 하지만, 월성로 도입을 계기로 핵연료 국산화에서 가장 중요한 기술 협력 파트너로서의 역할은 절대적이었다. 이러한 기반 위에 90년대에는 듀픽과 같은 후행 핵연료주기 기술 개발 협력의 핵심적 파트너였다.

---

42   DUPIC: Direct Use of PWR spent fuel In CANDU reactors

눈부신 그대

흐드러진 4월의 꽃길
그 환한 길에
스무 살의 푸르름
더하여 눈부신 그대

20세기 인류 문명의 꽃
원자력 시대를 알리는
고고지성呱呱之聲을 울리며
희망의 빛으로 태어나
온갖 고난과 역경 물리치고
빈곤한 자원의 이 조국을
세계 10대 원전국으로
우뚝 일으켜 세우고

전력산업을 주도하며
국가경제를 이끌어 온
원자력발전의 맏이로서
참으로 의연한 그대는

마 * 침 * 내
쌓아온 경험과 기술로
북녘 땅을 넘어
중국 대륙 건너
선진국들과
어깨를 나란히 하여

희망의 빛으로 내일의 힘으로
세계를 향하여
21세기를 향하여
옹골찬 걸음으로
거침없이 뻗어 가는구나

그대,
온누리에 빛나는
그대의 이름이여!

고리 1호기 20주년 축시 중에서,
시인 **김인호**

고리 1호기

큰 효자였습니다

더 함께 하고싶은 함성 뒤로하고
떠나는 그대
무슨 말로 감사하다는 마음 전할까

슬픈 박수 소리
가슴은 먹구름
소나기 되어 쓸어 버립니다

사십 년 전
가난에서 태어나
산업 원동력 선진국으로
첫발 길 열어 준 그대

삶에 뿌리 햇빛 가득 심어놓고
검은 보자기에 싸여

폐로 길
떠나는 그대

큰 절 올립니다

다시 또
다른 세상 태어나
밝은 빛으로 천수를 기약하소서

2017년 6월, 고리 원자력 1호기 영구폐쇄하는 날
정옥화

1990, 10년간의 창씨개명을 마치고 한국 '원자력' 연구소가 다시 본명과 E = mc² 간판을 달았다.

1980년대 연구소를 이끈 소장 한필순과 당시 기술자립을 주도한 주요 간부들.

2016년 한국 고유설계 스마트 원전 공동설계를 위한 사우디아라비아 원자력청 설계진의 한국 파견 리야드 송별식. 30년전 미국 원전로 떠나던 '44인의 결사대'를 닮았다.

제II부

원자력 기술 자립과 원전 수출

1987년 에너토피아 공원에서 한국원자력연구소의 기술자립 주역들. '原子力은 國力'이 새겨진 이 공원은 우리의 원자력기술을 세계로 뻗어나간 정신의 상징으로 남아 있다.

1   원전 기술 자립기

    우리나라 원자력 역사의 변곡점이었던 1980년대 초, 한필순과 원자력의 만남은 원전의 핵심 기술 자립을 이루는 데 주도적 역할을 함으로써 오늘날 우리나라 원전 기술의 자립을 이루는 초석을 놓았고, 해외에 연구용 원자로와 발전용 원전의 수출로까지 이어지는 결정적 계기를 만들었다. 인간적인 측면에서 한필순은 기술자들의 마음을 사로잡고 움직여서 자신의 능력을 120퍼센트 발휘할 수 있도록 설득하는 데 천부적인 재능을 가진 인물이었다. 80년대 초 대부분의 직원들이 원자력연구소를 떠날 준비를 하던 시절, 그의 진솔함에 이끌려 마음을 고쳐먹은 연구원들이 한둘이 아니었다. 이렇게 연구소에 남은 연구원들과 함께 그는 작은 사업부터 큰 사업까지 많은 프로젝트들을 단계적으로 하나씩 이끌어 나갔다. 중수로 핵연료 국산화를 필두로 경수로 핵연료 설계·제작 사업, 경수형 원자로 계통 설계 사업 등 그의 손을 거치지 않은 프로젝트들은 없었다.

    한필순은 평소 입버릇처럼 "원자력은 나라의 통치자가 관심을 가져야 살아난다"고 말했다. 그의 노력으로 누가 봐도 불가능했던 프로젝트들이 거짓말처럼 풀려 나갔다. 원자력연구기관인 한국원자력연구소에서 상용 원전 건설 사업의 핵심 기술에 깊이 참여하게 된 것도 그의 노력과 이를 인정한 최고 통수권자의 지원이 있었기에 가능한 일이었다. 아울러 시대가 영웅을 돕는다고 했던가? 그가 소신껏 일하도록 도운 사람으로 당시 박정기 당시 한전 사장을 빼놓을 수 없다. 박 사장은 원전 표준화를 통한 기술 자립을 추진하던 영광 3·4호기 계약을 앞두고 원자로 계통 설계 업무를 연구소가 담당하도록 적극 후원하였다.

12년 동안 연구소가 핵연료와 원자로 계통 설계 사업을 주관했던 덕에 우수한 인재들이 확보되었고, 이들을 통한 기술의 축적으로 우리나라의 원전 기술은 급속한 발전을 이루었다. 초기 외국의 원자로를 그대로 모방하는 차원에서 벗어나 직접 원자로를 설계할 수 있는 단계까지 도약하게 되었다. 90년대 말 연구소가 주관하던 원자로 계통 설계 사업이 국영 산업체인 한국전력기술로 이관됨으로써 산업체는 대형 원전의 상용화를 좀 더 효율적으로 이룩할 수 있었고, 연구소는 국가연구개발기관이라는 본연의 업무에 더욱 충실할 수 있었다. 이렇게 원전의 핵심 기술인 원자로 계통 설계 기술과 핵연료 설계 기술을 갖추었기에 새로운 신형 연구로나 차세대 첨단 발전로의 설계 건설 사업을 국내 주도로 해낼 수 있었던 것이다. 이후 계속해서 16기의 최신형 원전들을 국내 기술 주도로 주어진 공기와 예산에 맞춰 건설할 수 있었던 것은 한전의 대형 사업 관리능력과 원자력연구소의 기술력이 결합됨으로써 이룩한 쾌거였다. 2019년 '과학의 날'에 한필순은 원자력 분야 과학기술인 명예의 전당 유공자로 선정되었다.

1.1 원전 기자재 국산화

오늘날 우리나라의 원전 관련 기술과 산업체의 국제 경쟁력이 세계 최고 수준에 이르게 되었다는 사실을 재인식할 필요가 있다. 어째서 우리의 원전 경쟁력이 반도체나 고화질 TV와 같이 국제적으로 인정을 받게 되었을까? 1986년 체르노빌 사고가 역으로 우리나라에는 결정적인 기술 자립의 시발점이 되었지만 그 이후 30여 년간 국내에서 꾸준히 개발·건설해 온 한국형 원전의 전모를 이해할 필요가 있다. 영광 3·4호기 사업을 필두로 다수의 원전이, 울진 3·4, 영광 5·6, 울진 5·6, 신고리 1·2, 신월성 1·2, 신울진 1·2, 신고리 3·4로 이어진 사실에 주목해야 한다. 이는 전 세계 원전 역사상 그 유례를 찾아보기 힘든 불과 30년 사이에 최신형 원전이 우리나라에 16기씩이나 건설되었다는 사실이다. 불과 30년 사이에 최신형 원전이 국내에 16기가 건설되었던 것이다. 거의 매 2년마다 신규 원전 1기가 새로 가동하여 전력 생산에 기여한 나라는 찾아보기 힘들다. 덕분에 우리나라는 최고령 고리 1호기의 영구 폐쇄를 제외하고 원전이 총 24기나 운전 가동 중이며 국내 총 소요 전력의 30%까지 원자력 전기가 국가 전력망에 기여하고 있다. 이는 양적으로 전기의 생산과 소비가 팽창한 사실 이외에도 저렴하고 고품질의 전력이 첨단 산업체의 국제 경쟁력을 뒷받침해 주고 있다는 사실을 주목해야 한다.

지구상에 오늘날 자국 내에서 원전을 독자적으로 개발하고 건설해서 자국 내는 물론 수출까지 하는 나라는 미국, 프랑스, 캐나다, 중국, 러시아 그리고 한국 정도로 극히 소수의 선진국들뿐이다. 이 중에서도 가장 국제적 공인도가 높은 가압경수로로형을 표준화하고 산업체 계열화에 성공한 나라는 프랑스와 한국뿐이다. 우리는 80년대부터 거국적인 표준화 작업에 성공하여 90년대 울진3·4호기 건설부터 1,000MW급 '한국형 경수로'를 표준 원전으로 정하고 국내에 12기나 반복 건설하였다. 당초에는 도입 기술의 반복 설계 모방차원에서 출발하였으나 점차 창조적 첨단 신기술 설계로 진화하여 지금은 한국 고유의 독자적인 1,400MW급 원전 모델(APR1400)과 기술을 확보하는 차원이 되었다.

우리나라는 80년대부터 기술 자립의 중요성을 강조했던 결과로 오늘날 원전 기술의 지적 소유권까지 확보하는 수준이 되어 명실공히 세계 원자력 강국들과 국제 무대에서 기술성과 경제성으로 경쟁하게 된 것이다. 한국전력과 한국수력원자력이 소유하는 최신형 제3세대 APR1400 원전 설계가 세계에서 제일 까다로운 안전 규제 기준을 모두 만족하여 2019년 미국 원자력규제기관(USNRC)이 사상 처음으로 해외 원전에 수여하는 공인 설계승인(Design Certificate)을 취득한 것이다. 이는 우리나라의 원자력 산업이 IT 전자산업, 자동차산업, 조선산업 등 소수의 대형 산업계와 더불어 국제 무대에서 경쟁하는 산업 분야로 성장하여 국제적인 공인을 받았다는 것이다. 이 설계승인은 미국이 UAE 바라카 원전 APR1400 4기 건설이 마무리되어가는 시점과 맞물려 의미가 더욱 남다르다.

80년대부터 추진되어 온 원전 기술 자립캠페인의 성공은 초대형 사업인 원전 건설을 높은 수준의 원자력 품질 보증을 만족시키면서 제 공기와 예산에 맞게 사업 관리 능력을 보인 팀 코리아[43]의 명품 궁합이 이루어낸 쾌거라 하겠다. 그중 핵심은 원전 기술 중에 가장 어렵고 중요한 핵연료와 원자로 계통 설계 기술을 원자력연구소에서 기술 도입 후 국산화한 것이다. 또한 총체적인 사업 관리의 성공으로 원전의 건설, 가동, 운전·보수에 이르는 광범위한 기술도 완성했다. 즉 한전의 주도하에 전력그룹 관련사들을 전문화시키고 기술 축적의 기회와 결과의 이용을 보장해 주었다. 이 과정에서 설계, 제작에 필수적인 '노하우(know-how)'와 '노와이(know-why)'가 쌓이면서 국내 원전 관련 산업체가 500여 업체로 형성되고 원자력 전문 기술 인력도 3만 7천 명 정도로 성장하게 된다.[44]

여기에 90년대 북한 핵문제 해결 방안으로 추진되었던 신포 경수로 건설 사업을 상기할 필요가 있다. 북이 핵을 포기하는 대가로 한국형 경수로 2기를 함경남도 신포 지역에 지어주다가 북측의 협약 이탈로 불행히도 중단되었다. 일명 'KEDO 경수로 사업'이 우리 주도로 울진 3·4호기와 동일한 원전을 북한에 짓다가 중단된 것이다. 이 사업은 국내 원전이 해외에 건설되는 최초의 시범 사업으로 후일 UAE 바라카 원전의 수출 사업에 직

---

43 팀 코리아(Team Korea): 한전을 주축으로 한 국내 원자력 관련 기업들
44 한국원자력산업실태조사, 한국원자력산업회의(2019)

간접으로 기여하게 된다. 다행히도 KEDO 사업 중단 시 훗날 다시 건설 재가동에 대비하여 공정 30%의 공사 현장을 장기 폐쇄에도 최대한의 건전성을 유지하도록 현장 밀폐 작업에 만전을 기했다는 사실이다. 북한 비핵화 작업이 제대로 이행되고 남북한 경협이 활성화되는 시점이 오면 신포 경수로의 건설 재개를 고려할 수도 있다.

점진적 발전 설비 국산화율 올리기

국내 산업 기반이 전혀 조성되지 않은 1968년에 기본 계획이 확정된 고리 1호기의 경우에는 완전 턴키(turn key)계약 형태로 추진되었고 따로 국산화 의무가 계약에 반영되지 않았다. 그러나 뒤이어 1970년대 초 시작한 월성 1호기와 고리 2호기에는 각기 10%와 13%의 국산화 의무를 주 계약에 반영하였다. 우리나라의 경제개발계획 성공에 따라 국내 산업 기반이 갖춰지기 시작한 1970년대 중반부터 사업자 주도의 분할 발주 방식이 채택되면서 고리 3·4호기는 24%, 영광 1·2호기는 37%로 국산화 의무 비율이 크게 높아졌다.

발전 기자재 국산화는 1976년 정부가 100만 달러 이상의 단위 기계 시설이나 플랜트를 도입할 경우 사전 승인을 받도록 '도입 기계 설비 국산화 추진요강'을 발표하고, 그해 착공한 영동 화력 2호기부터 소요 기자재의 도입 범위를 강력히 규제하기 시작하면서 이뤄지기 시작했다. 1978년 정부는 경제장관 협의회 의결로 기자재 발주 방식에 대한 정부 정책을 정하고 "한전은 발전소(원전 제외) 건설에 있어 국산화를 촉진하기 위해 세계적 유명 업체와 기술 제휴한 국내 업체(현대양행, 현대중공업, 대우중공업)를 계약자로 해 분할 발주 방식으로 경쟁 입찰에 붙인다"라고 발주 방침을 정했다. 이어서 보일러 부분에 삼성중공업을 추가하면서 발전 설비 공급 업체의 4원화 체제가 이루어졌다. 보다 높은 품질과 기술 기준이 적용되는 원전 설비의 최첨단 기자재는 적용이 배제됐지만 원전 기자재의 국산화는 탄력을 받기 시작했다.

원전의 국산화 덕택으로 90만kW급 한 기 건설에 소요되는 $10억 규모의 외화가 절감되기 시작했다. 연료 국산화까지 이룰 경우 국가적 안보 위기 상황에서도 안정적으로 기저 전력을 공급할 수 있었다. 따라서 원전의 기술 자립과 국산화도 게을리할 수 없는 상황으로 마침 이때 건설이 결정된 고리 3·4호기부터 국산화 문제는 산업 정책뿐 아니라 국가 안보 측면에서도 중요한 의미를 갖게 되었다. 특히 보다 고도의 기술 수준을 요하는 원전 설비와 기자재의 국산화는 국내의 타 산업 기술을 원자력 수준급으로 끌어올리는 파급효과가 클 것으로 기대되었다. 또한 국산화가 이루어지면 해외 발주 시 장기간이 소요되는 주요 기자재의 조달 기간이 짧아져 건설 공기를 크게 줄일 수 있고 보수용 부품의 적기 조달로 원전의 이용률도 높일 수 있을 것으로 예상되었다.

1979년 정부는 국산화 추진 요강을 개정하여 화력 발전의 국산화율을 41%로 상향 조정하고 90만kW급 원전의 국산화 목표는 37%로 설정하였다. 이에 따라 원전의 국산화도 보조기기, 터빈, 증기발생기, 원자로 순으로 국산화율을 높여가기로 방침을 정했다. 보일러, 공기압축기, 공기구, 배전반, 배터리 및 충전기, 통신 설비, 조명 설비 등은 국산화가 가능하나 원자로 냉각재 펌프, 원자로 제어설비 등의 국산화는 경제적으로나 기술적 난이도를 고려할 때 뒤로 미루어야 할 과제로 판단한 것이다.

　1980년대 들어 정부는 보다 강력한 국산화와 기술 기반 구축을 위한 중화학 분야 통합 조정 방안을 마련하였다. 엔지니어링, 기자재 공급 및 건설까지의 모든 업무를 발전 설비 종합 생산 기지인 창원 공장을 갖고 있던 한국중공업으로 일원화하는 조치를 취하였다. 대우가 현대양행을 인수해서 세운 한국중공업이 자금 조달의 어려움과 운영 능력의 부족으로 원전 건설에 차질을 빚게 되자, 정부는 한전이 출자를 통해 한국중공업을 인수하여 정상화하도록 조치하였다. 이에 따라 한국중공업은 발전 설비 기자재는 가운데 주 기기와 대형 소재 가공, 제작 등 종합 생산형 품목을 전담 제작하게 되었다. 기타 중요 보조 기기와 부품 등 전문화 품목은 전문 계열 업체가 생산하는 것으로 정리되었다.

　원전 기자재 국산화는 고리 3·4호기부터 일정비율 이상을 국산화하는 조건으로 외국에 기자재 발주를 하고 영광 1·2호기부터는 소재부터 완제

품에 이르는 국산화를 추진하면서 본궤도에 오르게 되었다. 한전은 1982년 원전용 기자재 품목 출하 검사를 처음 시행하면서 한국전력기술과 용역 계약을 체결하여 국내 기업 검사와 품질 관리 지도를 강화했다. 턴키계약으로 발주하여 국산화 의무가 주어지지 않았던 고리 1호기에서도 국산화 노력이 있었다. 시운전 과정에 나타난 문제를 풀기 위해 서둘러 국산화한 물처리 설비와 갠트리 크레인(gantry crane)은 대표적인 성공 사례라 하겠다. 한편 쉽게 생각하고 추진했던 비상 냉각수 배관의 국산화 시도는 스테인리스 강판이 생산되지 않는 때였기에 재료 조달의 애로로 실패하기도 하였다. 월성1호기 건설에 쓰인 기자재 지지용 잡철물 등의 국산화도 제작을 맡은 현대중공업과 한국중공업의 정밀 가공과 내진 설계 등에 관한 지식 제한으로 납기가 지연되면서 외국인 기술자의 기술 지도로 어렵게 해결하곤 하였다.

한전은 1976년 국산화 업무 전담 부서를 신설하고 1981년부터는 기자재 도입 심의 위원회를 운영하면서 국내 기업의 품질 보증 체계 정착과 해외 기술의 이전을 도우면서 도입 기자재를 국산품으로 대체하려는 노력을 경주하였다. 1983년 42%에 머무르던 원전 설비의 국산화율을 1987년까지 75%로 높이는 야심찬 계획을 세워 적극 추진하였다.

원전 설비의 국산화는 시멘트, 페인트, 잡철물 등 소재로부터 출발하여 전선, 전등, 전선 지지대, 변압기, 탱크류 등 정지기기를 거쳐 전동기, 밸

브, 펌프 등의 회전기기순으로 진행되었다. 한전은 국내 업체와 해외 업체를 연계시켜 설계 및 생산 기술 지원을 받게 하고 품질 보증 체계가 정착되도록 지원했다. 1980년대 중반 들어 한국중공업, 현대중공업, 효성중공업 등이 자리를 잡으면서 열 교환기, 초고압 변압기, 대형 펌프류 등의 국산화에 가속이 붙었다. 원자력 1차 계통의 주요 설비나 터빈발전기 등의 국산화는 원전의 표준화 추진과 연계하여 1980년대 후반에서야 속도가 붙었다. 이렇게 계열화, 전문화된 국내 업체들은 한전의 후속기 기자재 공급을 담당함으로써 합리적인 국산화 시스템이 구축되었다.

원전용 기자재의 제작 기술 개발 및 국산화 노력은 1976년 현대양행(한국중공업, 두산중공업으로 변함)의 창원공장 건설로부터 본격화되었다. 창원 공장 건설과 함께 영광 1·2호기와 울진 1·2호기 기자재를 국산화하던 초기부터 제작 관련 기술의 도입과 품질 보증 체계 정착에 박차를 가했다. 당시 단일 공장으로는 세계 최대인 창원 공장은 기계, 중기계, 보일러, 주조, 단조, 중장비 등 7개의 단위 공장과 부대시설을 갖췄다. 원자력 설비 제작 기술이 전혀 없었던 한국중공업은 원전 선진 업체의 하청 업체로 해외 기술을 전수받으며 기기를 생산하기 시작했다. 1981년에는 웨스팅하우스사와 영광 1·2호기, 1983년에는 프람아톰사와 울진 1·2호기 주요 기기 공급을 위한 기술 제휴를 맺었다. 영광 1·2호기에는 가압기, 증기 발생기, 압력 용기, 열 교환기 등을 공급하였고, 울진 1·2호기 건설 때에는 원자로 제작과 원자로 1차 계통 냉각재 배관 생산에 참여하여 주기기 생산기술의 확보에 큰 진전을 보았다. 그러나 아직도 핵심 기술과 고부가가치 작업은 외국 기업들이 기술 이전을 기피하여 아쉬움이 컸다. 원자로를 포함한 1차 계통 주기기와 터빈발전기 등의 완전 국산화는 영광 3·4호기 추진 때 한국중공업이 주계약자가 되고 미국의 CE사와 GE사가 하청 계약자로 맺은 계약을 통해 완전 국산화가 가능해졌다. 그러나 원자로 냉각재 펌프, 원자로 제어봉 구동장치, 주제어실 전산 제어 장치 등의 3개 핵심 설비는 신고리 5·6호기 건설에 와서야 완전 국산화가 이루어져 마침내 원전 기자재 국산화의 마침표를 찍게 되었다.

1.2 원전 표준화와 기술 자립 이야기

우리나라의 산업화초기인 1950년대 이전 발전소는 대부분 수력과 국내산 저열량 무연탄을 때는 화력 발전소들이었다. 해방 전 건설된 설비는 주로 일본 제품이었다. 해방 후 1980년대 초까지 건설된 발전 설비들은 선진국들의 원조 자금이나 차관공여국의 자금으로 도입·건설되다 보니 발전 설비가 미국, 독일, 프랑스, 이태리, 일본 등의 제작 회사들로 각기 달라 운영 및 유지·보수상의 애로가 매우 많았다.

원자력 발전의 도입 초기부터 정책 당국은 당시 첨단 종합 기술이었던 원전의 건설 운영으로 낙후된 국내 산업 기술의 성장을 선도하고 궁극적으로 원전 설비의 국산화를 이루어 에너지 자립 기반을 구축하리라는 원대한 목표를 세웠다.

최초 건설한 고리 1호기는 우리나라의 재정과 산업 기술 수준이 너무 열악하여 건설에 필요한 모든 기자재를 수입에 의존할 수밖에 없었다. 오죽하면 모래와 석재를 제외한 모두를 수입했다는 말이 회자되었을까? 건설을 위한 계약 형태도 설계, 건설, 설치 및 조립, 시운전 등 모든 것을 계약자가 책임지도록 하는 턴키계약이었다. 그러한 어려움 속에서도 우리 기술진은 하나라도 더 배우려고 외국인 기술자들을 괴롭히며 사업 관리 기법과 설계 자료, 기술 기준 등을 익히느라 많은 땀을 흘렸다.

뒤이어 착수한 월성 1호기 계약에는 설계 기술요원 양성을 목표로 업무참여훈련(On-the-Job-Training)과 업무공동참여(On-the-Job-Participation)를 혼합한 훈련 계획을 반영하여 관련 기술의 습득에 힘썼으며 원전 건설에 들어가는 기자재의 10% 이상을 국산화하도록 주 계약에 반영하였다. 이때부터 대부분의 시멘트(쌍용시멘트)와 잡철물(현대중공업, 한국중공업), 전선(금성전선, 대한전선)과 전선 지지물(동성진흥), 변압기(효성중전기, 현대중전기)류 등의 국산화가 이루어졌다.

원자력발전소의 기자재 공급에는 원자력 안전 규제 요건을 충족할 까다로운 선진국 공업 규격과 기술 기준, 제작 사양서, 원자력 품질보증제도

등이 적용되기에 한전의 기술 지원이 필수적이었다. 다행히 계약에 따라 미국과 캐나다에서 기술 훈련을 마치고 돌아온 중견 사원들이 열심히 노력하여 부분적이긴 하지만 국산화를 이뤄 자신감을 갖게 되었다.

원전 건설의 초기에는 대부분 기자재를 수입해 썼기에 기기 공급국의 규격과 기술 기준을 썼으나 국산화 품목이 늘어남에 따라 우리나라 자체 기술 기준을 갖추는 것이 주요 과제로 등장하게 되었다. 처음 국산화를 추진함에 있어 가장 큰 난제 중 하나가 국내 업체들이 관련 기술 기준을 이해하는 것이었다. 기술 기준과 설계서가 모두 영어로 되어 있다 보니 중소기업이 감당하기엔 부담이 너무 커 처음엔 한전이 지원하였지만 국산화 요구가 점차 커지면서 원자력 학회를 중심으로 미국의 관련 원전 관련 기술 기준을 번역하는 작업을 1970년대 후반부터 시작하였다. 1987년에는 드디어 정부의 원자력 기술 기준 개발 방안이 확정되고 한전이 이를 뒷받침하기 위한 기술 기준개발 기술 용역 계약을 한국전력기술(KOPEC)에 발주하였다. 이 시기에 한전은 원전과 석탄 화력발전소의 표준화 방침을 정하고 전력 기술 기준을 제정하여 전력 산업 전반에 적용하는 것으로 방침을 정하였다.

전력 산업 기술 기준(KEPIC)[45]을 개발하기 위한 원전 기술 기준 위원회는 산학연을 대표하는 인사로 품질, 기계, 전기, 토목구조, 화재예방, 원자

---

[45] KEPIC: Korea Electric Power Industry Code

력, 환경 등 분야별 전문분과위원회를 구성하고 위원회의 위원장으로는 원자력계 원로(이창건)를 추대하였다. 이 위원회는 1995년 전력 산업 기술 기준 개발을 완료하고 33권에 달하는 전집을 발간하면서 2단계로 추진했던 사업을 종료하였다. 전력 산업 기술 기준은 꾸준히 발전하는 기술 개발과 보조를 맞추어야 하기에 개발 못지않게 주기적 보완이 중요한 바 이에 따른 예산 지원과 행정 기구가 필요하다. 마침 이때에 한전 사장을 맡은 이종훈이 대한전기협회회장을 겸하고 있었기에 전력 산업 기술 기준을 지속적으로 개정 보완하고 관리하는 기관으로 대한전기협회를 지정하였다.

고리 3·4호기부터 본격적인 분할 발주 형태의 계약 체제를 갖추고 의무 국산화율과 설계·참여 분야를 키우는 등으로 국산화 노력을 가속화하였으나 초기 원전의 공급회사가 미국, 캐나다, 프랑스 등으로 분산되고 설비 용량도 60만kW와 90만kW급으로 다양화되어 설계 기술의 자립화는 물론 준공 후 운영과 유지·보수에 많은 어려움이 뒤따랐다.

설계비 과다 신청한 버릇을 고쳤다는 이야기

　1983년 가을 고리 3·4호기의 설계 용역을 맡고 있던 미국 벡텔(Bechtel)사의 용역비 과다 청구 사건이 커다란 문제로 부각되었다. 설계 용역의 특성상 실제 작업에 투입된 인건비를 실비로 정산하는 형태의 계약 구조였는데 당시 한전의 감독 능력이 부족한 허점을 악용하여 지나치게 많이 청구했던 것이다.

　당초 계약보다 50%가 넘게 계상된 청구서를 본 박정기 한전 사장이 대노하여 한전 역사상 처음으로 대규모 해외 감사단을 파견하고 벡텔사의 문서를 구석구석 파헤친 결과 과다 산정되었음을 밝혀 청구 내역을 조정하고 새로 계약 금액 인상의 상한을 설정하는 등 조처를 취하여 고비를 넘겼다.[46]

　이 사건을 계기로 기술 자립의 필요성을 보다 뼈저리게 느낀 정부와 한전이 일체가 되어 발전 설비의 표준화를 통한 국산화와 기술 자립을 촉진하는 기폭제가 되었다.

　1984년 4월 동력자원부가 원자력 산업계의 의견을 수렴하고 과학기술

46　박정기, 《어느 할아버지의 에너토피아 이야기》, 지혜의 가람(2016)

처와의 협의를 거쳐 '원자력발전 기술 자립계획'을 마련하였다. 한전은 '건설관리실' 직제를 신설하여 발전소 건설관리 효율화를 위한 공사비 및 공정 관리 프로그램 개발과 전산화 작업을 추진하는 한편 향후 건설될 석탄 발전소와 원자력발전소의 표준화 및 기술 자립 방안을 개발하도록 하였다.

국내 기관이 주계약자로

80년대 중반 원자력 발전의 기술 자립방안을 둘러싸고 위로는 산업자원부와 과학기술부가 주도권 다툼을 하고 아래로는 원자로 계통의 설계와 원전 연료 제작을 두고 원자력연구소, 한국전력기술(주), 한국핵연료(주), 한국중공업 등 사이에 치열한 주도권 다툼이 일어 배가 산으로 갈 지경이었다. 특히 원자로 계통 설계 기술 자립의 주체를 누가 맡을지를 놓고 원자력연구소와 한국전력기술, 한국중공업 사이에 치열한 논쟁이 일었다. 각기 외국의 사례를 앞세우며 주도권 다툼을 했는데 원자력연구소는 프랑스와 캐나다의 사례를, 한국중공업은 미국과 일본의 사례를 들고 한국전력기술은 발전소 통합 설계의 필요성 등을 강조하며 각각 주무 부처를 등에 업고 다투었다.

1984년 여름 동자부 원자력 발전 과장 김세종이 주관하여 한전의 건설관리, 원자력 안전, 핵연료 업무를 담당하는 처장들과 한국중공업, 한국원자력연구소, 한국전력기술, 핵연료주식회사 등의 원자력 담당 임원들을 한전 수안보연수원에 모아 1박 2일 동안의 브레인스토밍을 겸한 열띤 토론이 있었다. 그 결과 플랜트 설계는 한국전력기술, 원자로 계통 설계 및 경수로 핵연료 설계와 중수로 연료 제작은 한국원자력연구소, 원자로 및 터빈 등 주기기 생산 설계 및 제작은 한국중공업, 경수로 핵연료 제작은 한국핵연료주식회사, 사업 총괄 관리는 한전이 하는 것으로 최종 협의를 마쳤다.

또한 기술 자립을 이룰 때까지 업무 분담 및 협력 관계를 원만히 유지하기 위하여 한전사장을 대표로 하고 관계 기관의 장들로 구성된 '전력그룹협력회'를 구성하고 정책 조율과 업무 조정을 위해 매 분기 회의를 하며, 기술 자립 추진 과정의 원활한 협력과 소통을 위한 실무자들 간의 워크숍을 회원사 간에 돌며 매월 개최하도록 방침을 정했다. 이때 전력그룹협력회의 대표를 맡은 한전 사장 박정기의 뛰어난 지도력과 통 큰 결단, 원자력연구소와 핵연료(주) 대표를 겸임한 한필순과 한국전력기술(주) 사장 정근모의 앞을 내다보는 혜안이 우리나라 원전 기술 자립의 굳건한 밑거름이 되었다.

정부도 이러한 내용을 반영하여 원전 기술 자립의 핵심을 이루는 '표준원자력발전소 설계사업 추진계획'을 1984년 10월 확정 발표하고 후속기인 영광 3·4호기(한빛 3·4호기)의 건설을 국내 업체 주도형으로 전환하며 국내 업체에 기술 이전을 약속하는 외국 기업을 하도업체로 선정하도록 발주 방식을 변경 결정하였다. 아울러 향후 10년 기간에 기술 자립도를 95%까지 끌어올릴 것을 목표로 제시하였다.

한전이 사업자 주도 방식의 건설을 확정하여 1985년 7월 국내 업체에게 발주 의향서를 발송하고 11월에는 원전 기술 자립 요구조건을 담은 영광 3·4호기 입찰 안내서를 7개국 18개 외국회사에 발급하였다. 1986년 3월 국제 입찰 마감 결과 원자로 계통 4개사, 터빈발전기 부문 4개사, 설계 기술 용역 부문에 7개사가 응찰하였다. 이들 업체들은 입찰 전제 조건으로 내건 국내 업체의 하청 계약자로 참여하며 원자로 계통의 설계 및 제작기술을 포함한 핵심 기술을 국내 업체에 이전하는 조건 아래 입찰에 응했다. 또한 계약 수행 중 분쟁이 발생했을 때 국문 계약서를 우선 적용하도록 해 종전의 영문 계약서 우선 적용에 따른 문제점도 해소했다. 3개월 동안의 검토를 거쳐 원자로부문에 컴버스쳔 엔지니어링(CE)[47], 터빈발전기 부문에 제너럴일렉트릭(GE)[48], 설계 기술 부문에 서전앤론디(S&L)[49] 등 3개 미국 기업체를 선정하고 다시 6개월여의 고된 협상 끝에 1987년 4월 주계약자로 지명된 상기 기관들의 하도급 계약을 마무리했다. 이 국제입찰에서 CE 의 선정은 우리나라 원전 기술 자립의 이정표가 되는 중요한 '사건'이었다.

---

47 CE: Combustion Engineering
48 GE: General Electric
49 S&L: Sargent and Lundy

영광 3·4호기 업체 선정에 이어서 그동안 한국의 원전 시장을 독점하다 시피 해 오던 웨스팅하우스와 벡텔의 탈락은 이 업계의 '이변'으로서 그들의 정치적 반발에 따른 후폭풍이 당시 '5공 비리'의 대명사로 국내 원자력 업계를 한동안 괴롭혔다. 한전과 원자력연구소의 영광 3·4호기 업무를 담당했던 간부 수십 명이 대검 중수부에 불려가 몇 달 동안 조사를 받는 곤욕을 치렀다. 그러나 업체 선정과 계약 추진의 모든 과정을 철저하게 실무진에 투명하게 위임했던 한전과 원자력연구소 기관장의 사심 없는 리더십과 실무자들의 공정한 업무 처리 결과로 밝혀져 무혐의 처리되어 오히려 칭찬받을 일로 밝혀졌다. 돌이켜보면 당시의 상황에서 유일하게 리베이트가 안 통했던 애국적 소신의 승리에 빛나는 대형 국책 사업의 모범 사례가 되었다.

기술 자립 계획의 일차적인 목표가 대체로 달성된 1997년 관련 기관 간의 업무를 재조정하여 '사업이관'이 시행되었다. 원자력연구소에서 수행하던 원자로 계통 설계 임무를 한국전력기술(주)로 이관하고, 경수로 핵연료 설계와 중수로용 핵연료 제조 사업을 핵연료(주)로 이관하되 원자력연구소의 안정적 연구 개발 재원 확보를 위해 원자력 발전 원가의 일부를 원자력 연구개발기금으로 조성하도록 하였다.

1996년 영광 3·4호기가 완공되면서 원전 기술 자립의 성공 기반을 다졌으며 뒤이어 건설된 울진 3·4호기, 영광 5·6호기와 울진 5·6호기의 여섯 기에 계속 동일한 설계와 국내 기업 주도형 계약 관리로 사업을 추진하여 한국형 표준 원전[50] 개발을 완료하고 KEDO 사업으로 북한의 신포에도 수출하기에 이르렀다. 그 뒤로 KSNP설계를 개량한 OPR-1000[51]을 개발하여 신고리 1·2호기와 신월성 1·2호기를 건설하고 다시 설계를 개선하여 출력이 향상된 APR1400[52]을 개발하였다. 신고리 3·4호기와 신울진 1·2호기를 국내에 건설하고 UAE에 4기의 APR1400 원전을 수출하여 턴키방식으로 건설하는 바라카 원전(BNPP)[53]도 완공 단계에 이르렀다.

대형 원전의 건설은 보통 수백억 불의 초기투자와 10여 년의 건설기간이 소요되는 초대형 사업으로 사업 관리와 시공 능력의 뒷받침이 사업 성패를 좌우한다. 근래 미국과 프랑스 등 선진국들의 원전 수출이 어렵게 된 것은 당초의 예산과 공기를 훌쩍 넘기는 건설관리의 실패에 기인한 것이다. 이에 비해 우리나라의 원전건설 사업관리능력은 일관된 팀 코리아 체제의 정착으로 다른 어떤 나라보다도 빠른 기간 내에 완벽한 건설을 마무리하는 것이 입증되었다. 지금 건설 중에 있는 신고리 5·6호기에서는 국산화가 미루어져 왔던 원자로 냉각재 펌프, 원전 전산제어 시스템 및 중대

---

50 KSNP: Korea Standard Nuclear Power
51 OPR-1000: Optimum Power Reactor-1000
52 APR1400(Advanced Pressurized Reactor-1400)
53 BNPP: Barakah Nuclear Power Plant

사고 안전해석코드까지도 모두 국산화를 이루어 완전 기술 자립을 이루었으니 자랑스러운 일이 아니겠는가!

1.3 체르노빌의 비극이 가져온 행운

1986년 구소련 우크라이나 지역에서 발생한 사상 최대의 원전 폭발 사고로 무려 46명의 인명이 방사성 과다 피폭으로 사망하는 참사가 발생하였다. 이 사고의 직접적 여파로 서유럽 일대가 방사성 낙진으로 장기간 피해를 입었고 전 세계 원자력 산업계가 붕괴의 기로에 서게 된 것은 주지의 사실이다. 간접적으로는 이 여파로 구소련 소비에트 체제가 무너지면서 12개의 주변 공화국들이 신생 독립하기에 이른다. 2년 후 88 서울올림픽에 대거 참여했던 구소련 선수단이 대한민국의 발전 모습을 피부로 느껴보고 귀국한 후 1990년 구소련 체제의 붕괴에 일조를 하게 된 것도 잘 알려진 사실이다. 체르노빌 원전은 설계개념부터가 핵무기용 플루토늄 생산 위주의 원자로를 공산 체제하에서 전력 생산용으로 개조한, 안전성이 무시된 원전이었다. 비유하면 2차 대전 당시 타던 군용 지프차를 21세기 고급 승용차같이 몰다가 자초한 참변이라 할 수 있다. 모든 서방 원전에서 기본으로 채택된 대형 중대사고에 대비한 격납용기의 개념도 반영 안 된, 원전으로 태어나서는 안 되는 비정상 원전이었다.

이렇게 전 세계적으로 전무후무했던 원자력 대참사가 우리나라에는 어떤 영향을 미쳤을까? 돌이켜보면 이 사고가 우리나라 원자력에는 둘도 없는 행운의 기회가 되었음은 놀라운 사실이다. 천만다행으로 서쪽으로 부는 바람의 영향으로 체르노빌의 방사성 낙진이 서유럽 쪽으로만 날아가고 동쪽 끝 아시아권에는 방사성 피해가 나타나지 않았다. 덕분에 국내에서는 당시 이 대형 사고가 외신 보도로만 알려졌을 뿐 일반 국민들의 관심을 끌지는 못했다. 따라서 당시 국내에서 진행 중이던 원전 건설, 운전 계획은 하등의 차질도 없이 당초 계획대로 추진할 수 있었다.

1986년은 대한민국 원자력사에 큰 획을 그을 만한 결정적인 시점이었다. 그때까지 모두 아홉 기의 원전이 국내에 건설·가동 중이었는데 불행하게도 미국, 캐나다, 프랑스 3개국에서 제각각 다른 원자로형의 원전이 도입돼 있었다. 이유는 건설 자금이 부족했던 국내에서 차관 조건이 용이한 도입선을 우선적으로 선택한 결과이었다. 3가지 다른 원자로형을 도입함으로써 3개국의 다른 규제 기준을 따르려다 보니 핵심 기술을 국산화하고 안전 규제를 제대로 하기에는 구조적인 어려움이 많았다. 그 결과 80년대 초부터 국내 기술진 간에 향후 건설할 원전의 노형을 표준화하고, 핵심 기술 전반을 국내 기관에서 기술 자립하도록 관련 산업체를 키워야 한다는 쪽으로 의견이 수렴되었다.

구체적인 실천 방안이 영광 3·4호기 건설 사업을 기술 도입과 병행 추진하여 원자로 설계 기술 등 핵심 기술 분야를 국내로 이전하면서 한전을 중심으로 국내 기관들을 주계약자로 선정하려는 구상이었다. 그때까지는 모든 원전 건설을 외국사에게 일괄 발주하던 사업 방식에서 획기적인 발상의 전환이 아닐 수 없었다. 1986년 봄은 영광 3·4호기 건설 계약과 기술 도입 계약의 마지막 협상이 진행되던 극히 민감한 시점이었다.

당시 기술 도입 대상기관으로 미국의 웨스팅하우스사와 CE사, 프랑스의 프람아톰(Framatome)사와 캐나다의 AECL사 간에 치열한 4파전이 진행 중이었다. 기존 국내 원전의 기득권 차원에서 압도적으로 웨스팅하우스사가 선두 주자이었으나 핵심 기술의 전수 조건에서 CE사가 우세하여 예상과 달리 최종 낙찰자로 선정되었다. 체르노빌 사고 직후의 국제 원전 시장 여건은 대부분 국가들의 탈원전 기조가 압도적이었다. 따라서 영광 3·4호기 사업이 외국 원전 공급 4사 간에 사활을 건 경쟁이 한국 측에 유리하게 작용할 수밖에 없었다. 이를 계기로 국내기관을 주계약자로 선정하고 오늘날 기술 자립의 기반을 공고히 하는 획기적인 계기가 된 것이다.

이로부터 3년 후인 1989년 CE사는 최대 경쟁사인 웨스팅하우스사에 흡수 통합되는 운명이었다. 원전 핵심 기술의 한국 이전은 1986년부터 3년 사이에 이루어진 절호의 기회를 우리가 제대로 십분 활용한 결과다. 특히 CE사 소유의 원전 기술은 순수 민간 회사인 관계로 100% 원전 기술의 한국 이전에 거리낌이 없었다. 반면, 웨스팅하우스사가 소유한 원천 기술은 미국 정부의 것이었다. 1950년대 미 해군 잠수함 동력 기술이 후일 가압경수로(PWR) 기술로 발전했던 관계로 핵심 분야에서 국가 기밀사항에 다수 연계되어 해외 기술 이전이 불가능한 구조이었다.

원전의 핵심 기술을 CE사로부터 100% 전수받음으로써 미국 등 선진국과의 기술력 면에서 한참 후발주자이었던 한국이 영광 3·4호기 건설과 연이은 12기의 후속 원전 건설을 통해 최고 선진국 수준에 이르게 된 것이다. 토끼와 거북이 경주에서 한참 앞서가던 선진국들이 체르노빌 여파로 낮잠을 자는 틈에 후발 한국의 거북이가 기술 면에서 토끼를 앞지른 상황과 유사하다.

체르노빌 사고가 없었더라면 한국이 원전 핵심 기술을 제대로 확보하는 기회를 잡기 어려웠을 것이라는 주장이 설득력이 있다. 콧대 높은 선진국들이 원전의 핵심 기술 이전에 무척 인색하였기 때문이다. 전 세계를 공포와 탈원전의 회오리바람으로 몰아갔던 체르노빌 원전 사고가 오히려 우리나라에서는 기술 자립의 결정적인 기회가 된 셈이다. 그 결과로 우리는 세계 최고 수준의 원전 설계, 제작, 설치, 운전, 보수에 이르는 총체적인 기술력과 산업체의 성장을 가능케 된 것도 주지의 사실이다.

30여 년이 지난 지금 돌이켜보면 체르노빌의 행운은 국제적인 구매자 시장(buyer's market)에서 최선의 기술 도입선을 선택했던 사실뿐만이 아니었다. 원전 기술 자립의 효시인 영광 3·4호기 기술 도입 계약 당시 국내에서 상식선으로 통했던 리베이트 개념이 철저히 배재되었던 사실이다. 덕분에 순수한 건설비와 기술 도입비만으로 건설이 이루어져 향후 국내 원전의 뛰어난 경제성에 기여하게 된다. 한국 원전 건설 실적은 공기나 건설 투자비 면에서 세계 어느 나라보다도 뛰어난 경쟁력을 과시하게 된 이유도 여기에서 출발한다. 한편 1988년 서울올림픽을 계기로 봇물같이 터진 민주화의 물결이 우리나라에도 반핵운동의 시발점이 되었다. 그러나 이 시점은 이미 원전 기술 자립과 관련된 국내 모든 체제의 정비와 국제 계약이 완료되어 집행 단계에 이르렀기에 오늘과 같은 기술 자립의 대업을 이룰 수가 있었다. 대형 국책 사업인 영광 3·4호기 건설이 요즘과 같은 반핵 세력을 겪어야 했다면 오늘날의 한국 원자력 기술 자립은 상상하기 어렵다.

1.4 '필! 설계 기술 자립' – 44인의 결사대

1970~80년대, 국내에는 고리 1호기부터 울진 1·2호기까지 모두 아홉 기의 원전이 건설 또는 운전 중이었다. 원전사업은 급증하는 국내 전력 수요를 충족시키기 위해 미국, 캐나다, 프랑스의 원전 업체들에게 사업의 주된 책임과 보증 의무를 맡기는 '턴키' 또는 '분할 발주' 방식으로 맡겨졌다. 초기의 일괄 도급 방식은 건설과 시운전의 책임을 모두 해외 주 계약 업체에 일임하는 것으로, 기업의 기술력보다는 차관 등 유리한 조건을 우선해

지정했다. 업체에 따라 건설이나 운전 방식이 제각각이었기에 규제나 국산화 측면에서도 어려움이 많았다.

이런 상황에서 80년대 초부터 원전 설계의 표준화 필요성이 강하게 부각되었다. 관련 국내 산업체들 사이에서는 일괄적 기술 전수 과정을 통해 신규 원전 건설의 주계약자로 발돋움하고자 하는 의지가 불타올랐다. 국내 산업체들도 우라늄 원광과 농축 기술을 제외한 원전의 라이프 사이클(life-cycle) 전반에 대한 기술 자립의 주체로 서서히 그 모습을 갖춰 갔다.
이때 끝까지 주관 기관 선정에 애를 먹었던 분야가 핵연료와 원자로 계통 설계였는데, 관련 업체 간의 오랜 줄다리기와 조정 끝에 한국원자력연구소가 주계약자로 선정됐다. 선정 이유는 가장 우수한 기술 인력을 확보한 기관이 원자력연구소이었기 때문이다.

원자력연구소 기계부장을 맡고 있던 필자는 핵연료와 원자로 계통 설계 주계약자로 원자력연이 선정됨에 따라 졸지에 영광 3·4호기 원자로 계통 설계 사업 책임자가 되었다. 40대 중반이라는 나이에 떠맡기에는 너무도 막중한 임무였다. 해외 원자로 공급사로부터 기술 이전을 받고, 준공 시점을 엄수하며 설계를 마무리해야 할 책임까지 져야 했다. 이 일은 주어진 예산 범위 내에서 영광 3·4호기 원자로 계통의 설계를 완수하여 최종 원자로 출력의 성능 보장까지 책임지는 첫 사업이었으니 그 부담감은 말로 표현하기 어려울 지경이었다.

일단은 기술 도입선을 선정하는 것이 원자로 계통 설계자에게 주어진 첫 번째 과제였다. 당시 원자로 계통을 공급할 수 있는 업체는 미국, 캐나다, 프랑스, 일본의 4개국 기업뿐이었다. 우리가 원했던 원자로 계통 기술은 첨단에 실증된 기술이었다. 이런 핵심 기술을 이전하는 데 가장 적극적인 업체를 선정하는 게 관건이었다.

업체들 사이에서는 정상 외교를 포함해 치열한 수주 경쟁이 벌어졌는데, 1년 6개월여 간의 경쟁 입찰 평가 결과 미국의 컴버스천 엔지니어링(CE)이 주 기술 도입선으로 결정되었다. 이 회사는 상업적 실적은 부족했지만 기술의 우수성과, 무엇보다도 기술 전수 조건이 우리나라에 가장 유리했다. 이 과정에서 획기적인 측면이 여럿 있었다. 사업 총괄의 책임자인 한전 사장 박정기는 기술 도입선 선정을 전적으로 원자력연구소의 기술성 판단에 맡겼다. 여기에 한필순의 탁월한 리더십이 부각되었다. 업체 선정의 평가 기준을 기술 이전 위주로 하고 계약 후 설계과정에서 한국과 도입선 기관의 기술진이 동시에 기본 설계부터 참여하는 '공동 설계(Joint Design)' 개념을 소신껏 추진했다. 원자로 설계 경험이 전혀 없던 국내 팀에게 처음부터 설계를 함께 하고 책임은 외국사가 맡는 조건이었으니, 기술 자립차원에서는 전무후무한 기발한 발상이었다. 이 조건을 가장 과감하게 받아들였던 CE사가 최종 낙찰자로 선정되어 후일 한국형 원전 기술 자립의 토대를 마련하게 된 것은 진정 행운이었다.

총 공사비 3조 4천억 원, 단군 이래 최대 규모의 건설 사업 계약이었다. 여기에는 기술 도입 비용이 포함돼 있었다. 영광 3·4호기 사업은 1987년 계약이 체결되었다. 업체의 선정은 연구원 실무진들이 평가한 결과가 그대로 반영되었다. 우리 연구소 기술진 그 누구도 전혀 예상치 못했던 일이었다.

1986년은 구소련의 체르노빌 원전 사고로 지구촌의 모든 원자력 선진국들이 앞다투어 원전을 포기하던 시기였다. 세계 원전 시장은 급격하게 침체되었다. 한국만 유일하게 가장 유리한 기술 도입 조건을 확보하면서 기술 자립 정책을 고수했다. 선진국들이 장기간의 기술 정지 상태에 빠져 있는 동안 한국은 원자력 분야에서 획기적인 기술 발전을 이룰 수 있었다.

윈저(Windsor)의 한인촌

1986년 사상 최초로 국내 팀이 원자로 계통 설계 업무를 맡게 된 원자력연구소는 기술 도입선으로 선정된 미국의 CE사와 실무 훈련과 공동 설계를 수행하기 위해 설계 요원들의 정신 교육부터 착수하였다.

제1진으로 선발된 원자력연의 설계팀 44명은 CE사 엔지니어링 센터가 위치한 미국 동부 윈저로 떠나기 전 '필(必) 설계 기술 자립'을 외치며 각오를 다졌다. 3년간 200여 명의 연구진이 참여했는데, 이후 이들은 국내에서 원전 기술 핵심 인력으로 역할을 다 하였다.

첫발을 내딛는 일은 언제나 어렵다. 아메리카 대륙을 발견한 '콜럼버스의 달걀'이 의미하는 바가 그것이다. 누군가 길을 닦아 놓으면 그 길을 따라 걸어가는 것은 쉽다. 하지만 아무리 하찮은 일이라도 먼저 길을 개척하고 길을 여는 자의 노력은 때때로 상상을 초월한다.

원자력 기술 자립을 향한 44인의 KAERI 결사대 출정식

1986년 12월 14일, 대전의 원자력연구소에서는 특별한 출정식이 있었다. 원자로 계통 설계 요원 1진 44명을 컴버스쳔 엔지니어링(CE)의 설계 센터가 있는 윈저로 파송하는 기념식이었다. 윈저는 미국 동부 코네티컷주에 위치한 소도시이다. 연구진은 그곳에서 3년간 파견 근무를 해야 했다.

이날 파견 연구진들은 소장 한필순의 제의로 '필(必) 설계 기술 자립'을 삼창했다. 이를 외치던 연구진들의 마음은 비장하기 그지없었다. 조국의 근대화를 위해 한 몸 바치겠다는 결연한 외침이었다. 설계 기술 자립을 이루지 못하면 생면부지의 땅 미국에 뼈를 묻겠다는 결기가 연구진들의 음성에서 묻어났다. 실제로 연구진들은 설계 기술 자립에 성공하지 못하면 "태평양에 빠져 죽겠다"는 각오였다.

그때를 생각하면 지금도 여전히 가슴이 뜨거워지고 눈가가 축축해진다. 당사자가 아니면 느낄 수 없는 감정이다. 연구진 대부분은 20대 후반에서

> 30대 초반의 혈기왕성한 젊은이들이었다. 당시만 해도 훈련이나 연수 목적의 장기 해외여행은 규제받던 시절이었다. 그런 만큼 가족과 함께 미국으로 파견근무를 떠난다는 것은 설레는 일이기도 했다. 엄청난 기회를 잡은 만큼 주어진 과업은 반드시 이뤄야만 했다.
>
> 3년간 연인원 200여 명의 한국 기술자들이 이렇게 미국으로 떠났다. 그리고 그들이 그곳에서 배워온 원자로 계통 설계 기술은 나중에 '원자력 한국'의 토대가 되었다. 이들의 노력과 헌신으로 제3세대 신형 원자로 APR1400이나 소형 SMART 원전이 태어날 수 있었다.

'44인의 결사대'로 알려진 1차 한국 기술진의 미국 파견을 필두로 총 200여 명의 원자로·핵연료 설계 기술자들이 미국 동부 CE사 엔지니어링 본부에서 3년간 근무하게 되었다. 이들이 어려운 기술을 배우고 소화하는 과정에서 겪어야 했던 눈물겨운 에피소드 하나를 소개한다. 사업의 공정과 결과물의 책임을 지고 있던 CE사 측은 당초 한국 기술진의 설계 실력을 인정하는 데 인색했다. 따라서 명색은 '공동 설계'였지만 한국 측에 배당된 설계 업무는 주로 허드렛일이었으니 언어장벽과 싸워야 했던 우리 기술진으로서는 기가 막힐 지경이었다. 95% 기술 자립의 꿈은 멀어만 보였을 터. 결국 한국 팀 전원의 업무 보이콧과 조기 귀국 시위로 미국 측과 협상이 재개되었다. 이 결과 실력이 인정된 한국 기술진에게 핵심 기술의 접근이 허용되었고, 덕분에 기술 자립의 기간이 단축되고 우리 팀의 실력을 인정받는 단계로 승화되었다. 후일 귀국한 우리 기술진이 APR1400 신형로와 SMART 소형로 원천 기술까지 확보하는 결정적인 계기가 미국 CE사 본부 윈저에서 이렇게 어렵사리 이루어진 것이다.

미 동북부의 소도시 윈저는 한꺼번에 몰려온 200여 명의 한국 기술자 가족 덕분에 아파트 월세가 급등하는 기현상까지 발생했다. 이들은 영광 3·4호기 설계 사업 투입 인력 이외에도 다수가 당시 미국에서 진행 중이던 신형 차세대 원전(ALWR)[54] 연구 개발 업무에도 참여했다.

30년이 지난 지금 돌이켜보면 참으로 아득한 일이다. 그래도 놀라운 것은 그때 우리가 원자로와 핵연료 계통 설계 기술 요원으로 미국에 파견한 인력들은 3년 후 설계 센터를 대전으로 옮길 때까지 단 한 명의 낙오자나 이탈자도 없이 전원 제때 귀국했다는 사실이다. 이들은 귀국한 후 후속기 사업과 신형로 개발에 핵심적 역할을 담당했다.

그리고 다시 10년이 지나 마침내 영광 3·4호기가 준공되었다. 우리는 약속된 공기를 준수했다. 그리고 무엇보다도 중요한 것은 당초에 계획했던

---

54 ALWR: Advanced Light Water Reactor

대로 원전 기술 자립 국산화 95%라는 목표를 달성했다는 사실이다. 그때 세웠던 기념비가 지금도 대덕의 원자력연구원 내에 있다.

'원전 기술 자립 95%'라는 말의 의미는 미국에서 기술을 전수받고 배운 원전의 총체적 설계, 제작, 운전 기술의 국산화 수준이 동일 형의 원전을 순 국내 기술로 95%까지 반복 건설할 수 있는 수준에 도달했다는 뜻이다. 그해가 1996년이었다. 미국에서 기술을 전수받았으니 자연스럽게 신형 원자로 창조기술도 길이 열렸다. 제3세대 가압경수로(PWR) 상용 원전의 효시인 APR1400과 후일 한국 고유의 기술로 인정받은 일체형 SMART 원전의 설계 기술은 이렇게 확보된 것이다.

그리고 이 기술은 다시 UAE 원전 수주의 토대가 되었다. 원자력연 앞마당에서 '필(必) 설계 기술 자립'을 외치던 청년 기술자들이 20여 년 만에 배워온 기술로 새로운 원자로를 만들어 수출까지 하게 된 것이다. 20년의 세월에 담긴 눈물과 땀은 아마도 당사자들이 아니면 쉽게 이해할 수 없을 것이다. 12월 27일 '원자력의 날'을 맞이할 때마다 그날의 외침과 그 청년들의 모습을 다시 떠올리곤 한다.

우리 원자력 사상 최초로 발전용 원전을 아랍에미리트로, 연구용 원자로를 요르단에 수출한 것이 2009년이다. 이로부터 꼭 10년 뒤인 2019년, 바라카 원전 1호기의 한국형 원자로 APR1400이 중동에서 최초로 가동을 시작한다. 아울러 2016년 소형 원전 스마트(SMART) 설계 사업이 한국과 사우디 공동 사업으로 시작되었다. 30년 전 우리 기술진이 지구 반대편 미국에 가서 "실패하면 태평양에 빠져 죽겠다"는 각오로 배워 온 상용 원자로 계통 설계 기술을 이제는 대덕 원자력연구원에서 사우디 기술자들에게 가르치게 된 것이다.

2 ── 원전 수출 시대, 제2의 실크로드를 찾아서

2.1 바라카의 기적

2009년 12월 27일, 저녁 9시, 필자는 한 식당에서 지인들과 식사를 하고 있었다. 우연히 고개를 돌린 필자의 시야에 9시 뉴스의 자막이 들어왔다. 'UAE에 한국형 원전 수출!' 순간적으로 숨이 멎었다. 자신도 모르게 텔레비전 모니터 앞으로 달려갔다.

텔레비전 화면에서는 아랍에미리트 칼리파 국왕과 이명박 대통령 앞에서 에미리트전력 사장과 한국전력 사장이 계약서에 서명을 하고 있었다. 4기의 한국형 원전 수출 계약이었다. 우리나라 최초의 원전 수출 계약이었고 계약 금액만 약 200억 달러에 달했다. 정확히 23년 만의 일이었다. 미국 윈저로 원전 설계단이 떠나던 날이 1986년 12월 14일이었다. 이들은 떠나기 전 "실패하면 고국으로 돌아오지 않고 그대로 태평양에 빠져 죽겠다"고 외쳤다. 그것이 '필(必) 설계 기술 자립'에 담긴 의미였다. 그로부터 3년, 원전 기술을 배우고 돌아온 설계단은 원전의 국산화·표준화 작업에 돌입했다. 이렇게 구축된 '한국형 원전 기술'을 토대로 영광 3·4호기, 울진 5·6호기 등 총 16기의 원전이 세워졌다. 그리고 다시 20여 년, 우리 기술로 완성된 '한국형 원전'이 UAE로 수출됐던 것이다.

이 사건의 맥락을 잘 모르는 사람들에게는 그저 9시 뉴스 가운데 하나였을 것이다. 하지만 필자에게는 '쇼킹한 일'이었다. 무엇보다도 이 일은 세계 원자력 산업계에 충격을 줬다. 원전을 보유한 나라 가운데 어떤 나라도 단 20년 만에 자체적인 원전 기술을 개발해 다른 나라에 수출한 적이 없기 때문이다. 원전 역사상 전무후무한 일이었다. 다른 원전 국가들에게는 대단한 충격으로 다가갔을 것이다. 더욱이 한국형 원전 기술 개발에 직접 참여했던 필자로서는 그간의 세월이 주마등처럼 스쳐가는 충격이고 감동이었다.

사상 초유의 원전 기술 도입과 건설 사업으로 원자력연구소를 비롯한 국내 주계약자들이 설계와 제작, 건설과 운전 보수 등 원전 기술의 총체적인 국산화를 위한 기반이 구축되었다. 초기에는 복사하는 기술부터 연마하고 나아가서 제3세대 원전인 APR1400과 SMART 소형 원전까지 창조하는 기술 강국이 되었다.

이것이 토대가 되었다. 이런 기술을 기반으로 우리나라는 2007년 아랍에미리트의 대형 원전 국제 입찰 경쟁에 뛰어들었다. 그러나 미국, 프랑스, 일본 같은 원전 선진국들과 경쟁한다는 것은 결코 쉬운 일이 아니었다. 도대체 한국형 원전의 장점을 구매자들에게 어떻게 효과적으로 각인시킬 수 있을까? 과연 그것이 가능한 일일까?

그런데 꿈속에서나 그려볼 수 있는 일이 실제로 일어났다. 뉴스를 보고 있는데 가슴이 뭉클했다.

"우리가 20년 전에 했던 일이 마침내 결실을 맺어 이제 수출까지 하게 되었구나."

더욱이 아랍에미리트 원전 수출은 수의 계약으로 이루어진 것도 아니었다. 미국, 프랑스, 일본 등 세계 굴지의 기업들과 치열하게 경쟁하며 따낸 노력의 산물이었다.

아랍에미리트의 원전 건설에는 최첨단 3세대 APR1400 원자로가 들어갔다. 이 원전의 용량은 1,400MW이고 총 4기를 동시에 짓는 대공사였다. 한 기의 건설 비용만 50억 달러에 달했다. 단일 프로젝트로는 세계 최고 규모였고 우리나라 원전 역사상 최대 수출 프로젝트였다. 이런 규모의 원전 수출을 수주했다는 것 자체가 거의 기적에 가까운 일이었다.

뉴스를 본 그날 밤, 필자는 잠을 이룰 수가 없었다. 과거의 기억에 매달려 올라온 온갖 상념과 감정의 파고들이 끊임없이 마음을 적셨다. 그렇게 밤새 뒤척이며 희미한 과거의 풍경 속을 떠다니다 언뜻 정신을 차려보니 새벽의 미명이 창밖을 어슴푸레 물들이고 있었다. 날밤을 꼬박 새운 것이다.

UAE 원전, 현장 설계 변경만 8,000건

필자는 바라카 원전 건설 현장을 두 번 방문한 적이 있다. 1980년대 한국형 원전의 효시였던 영광 3·4호기(한빛 3·4호기) 원자로 계통 설계 사업 책임자였고, APR1400 개발에 일조해 온 필자로서는 정말 특별한 감회를 느낄 수밖에 없었다.

2013년 방문 당시 필자는 한국전력, 한국수력원자력, 시공사 기술진들과 현장에서 많은 이야기를 나누었다. 아랍에미리트 원자력공사의 바라카 원전 총책임자와 환담하는 시간도 가졌다. 공사가 완료된 1호기의 원자로 건물, 터빈발전기 건물, 보조 건물에 들어가서 핵심 설비들이 갖춰진 모습을 직접 살펴보았는데, 잘 정돈된 모습이 매우 아름답게 느껴졌다. 필자가 근무하던 아부다비를 출발해 끝없이 펼쳐진 사막을 통과해 4기의 웅장한 원자로 돔을 마주했을 때의 감동은 말로 표현하기 어렵다.

2012년 8월 착공된 바라카 원전은 2018년 현재 1호기 건설 공사가 완료되어 운영 허가와 핵연료 장전을 기다리고 있다. 2호기는 고온 성능 시험이 한창이다. 3호기는 본격 성능 시험을 위해 외부 전원이 연결되었고, 4호기도 주요 기기들의 설치와 원자로 건물 공사가 완료되었다. 이러한 순조로운 진행은 아마도 팀 코리아가 아니라면 거의 불가능한 일이었을 것이다.

절대로 쉬운 일은 아니었다. 원자력 산업 기반이 전혀 없는 사막국가에 원전을 건설하면서 어떻게 시행착오와 어려움이 없었겠는가? 원전 경험이 전무한 사막 한가운데 UAE에서의 건설은 국내 건설 현장과 달라 이를 반영한 상세 설계 변경이 무려 8,000건이나 이루어졌다. 이런 온갖 어려움을 잘 극복해 온 '팀 코리아'에 무한한 찬사를 보낸다. 현재 진행되고 있는 원전 건설과 관련해 아랍에미리트 원자력 관계자들은 물론이고 세계 원자력계가 경탄하며 주시하고 있다.

2.2 사우디와 한국형 원전

한국 고유 스마트 원전, 역발상의 작품

2015년 9월 4일은 의미심장한 날이다. 이날, 사우디아라비아의 원자력원(K.A.CARE)과 한국원자력연구원(KAERI)은 향후 3년간 중소형 스마트(SMART) 원전의 사전설계(PPE:Pre-Project Engineering) 계약에 서명했다. 그해 봄 대통령 박근혜가 사우디를 방문했을 때 양국은 양해각서를 교환했고 이후 6개월여의 협상 끝에 스마트 사전 설계 계약이 체결된 것이다. 이 계약에 따라 건설 사업이 이어지면 머나먼 중동의 땅 사우디에 세계 최초로 한국에서도 지어본 경험이 없는 스마트 원전이 탄생하게 된다.

대부분의 나라들은 선진국에서 이미 실증된 원자로만을 고집하는데, 사우디에서는 어떻게 이런 결정이 가능할 수 있었을까? 우선은 사우디가 아직 어떤 나라도 시도해 본 적 없는 신형 원전에 과감하게 도전하겠다는 국가적 의지가 있었기 때문일 것이다. 아울러 지난 4년간 아랍 사람들과 일하면서 필자가 터득한 바로는 이들이 추구하는 원자력의 목표가 다른 나라들과는 다르기 때문이다.

석유 산업 위주의 국내 인프라를 원자력 분야에도 진출하겠다는 의미다. 원전을 건설하며 확보된 설계, 기기 제작, 시공, 운전 보수 등의 기술을 국산화해 자국의 스마트 원전 사업은 물론 나아가 중동 전역의 스마트 수출 사업까지 주도하겠다는 뜻이다. 우리가 80년대에 와서야 터득한 원전 기술 자립과 수출산업 육성의 진수(眞粹)를 이들은 초장부터 하겠다고 야심차게 나선 셈이다.

스마트 기술은 한국이 지난 20여 년 간 독자적으로 개발한 고유 설계 원자로형으로 2012년 세계 최초로 국내 원자력 규제기관의 표준 설계 인허가를 획득한 모델이다. 90년대부터 대형 원전을 10여 기 지으면서 터득한 기술에 우리만의 획기적인 창의성을 가미한 일종의 '작품'이다.

과거 원자력발전소 하면 모두가 100만kW 이상의 초대형 발전소를 생각했다. 하지만 스마트 원전은 그런 생각을 뒤집은 역발상의 산물이다. 스마트 원전은 10만kW급으로 모듈화된 일체형 소형 원전이다. 출력이 낮아짐에 따라 원전의 안전성이 대폭 개량되고 작은 규모의 투자로 기존 화력 발전소를 대체하는 새로운 개념의 원전이다. 다양한 분야의 첨단 기술들이 고도로 'SFLDC'[55] 하듯이 원전도 소형으로 '트렌드화' 한 것이다.

---

55 SFLDC: smaller, faster, lighter, denser, cheaper

이 원전은 개발 동기 자체가 해외 수출용이었다. 아직 국내에서는 시범로를 짓기 어려운 상황이었는데 사우디가 첫 건설을 자청하고 나선 것이다. 물론 사우디 나름대로는 속내가 있다. 아직 아무도 지어보지 않은 신형 원자로이기 때문에 유리한 조건으로 기술 소유권을 확보하고 한국과 함께 제3국 진출까지 노려보겠다는 포석이 깔려 있는 것이다.

사우디가 원전 건설을 서두르는 이유

세계 제1의 산유국으로 매일 1,000만 배럴의 원유를 생산하는 사우디가 무엇 때문에 원전 건설을 서두르는 것일까? 필자가 2013년 처음 사우디에 가면서 가졌던 의문이었다.

그리고 몇 년 동안 현지에서 근무하며 비로소 이 질문에 대한 해답을 얻을 수 있었다. 한마디로 요약하면, 석유에너지는 자원 소모적인 장치 산업인 데 반해, 원자력은 두뇌에서 캐내는 고급기술 인력 위주의 에너지이기 때문이다. 이런 원자력의 특성은 사우디가 추구하는 장기적인 국가 정책에 부합하는 것이다.

세계 최대 규모의 석유 생산, 가공, 운송 체계를 갖춘 사우디의 국영 석유회사 아람코(Aramco)는 자국 내에 방대한 생산 시설과 2차 기자재 공급망을 갖추고 있다. 그러나 이들 대부분은 장치 산업으로 고급 기술 인력을 필요로 하지 않는다. 인력 대부분이 임금이 싼 제3국 근로자들로 채워져 있다. 사우디 국왕의 고민이 바로 여기에 있다.

사우디는 3,300만 인구 가운데 30세 이하의 젊은 인구가 70%나 된다. 현재 미국에 유학 중인 사우디 정부 국비 장학생이 13만 명에 달하고 대졸 이상 고학력 인구만 수백만 명에 달한다. 하지만 젊은 층의 실업률은 30%를 육박한다. 그래서 이공계 고학력 실직자들의 비율을 낮추기 위해 찾아낸 현실적 대안이 '원자력 산업의 사우디화(Saudization)'이다. 인접국 아랍에미리트와의 근본적 차이점이기도 하다.

자국민의 숫자가 80만 정도인 아랍에미리트는 원전을 건설하면서도 이를 통한 기술 인력의 취업이 문제가 되지 않는다. 어차피 원전의 기자재는 거의 모두 수입하고, 절대다수의 기술 인력은 외국인 용병들로 채울 것이기 때문에 자국인은 최고 관리 책임자나 보안 경비 정도를 전담한다. 하지만 사우디는 최고 경영층부터 중간 실무 기술직까지 모두 사우디 인력으로 충당하고 외국인 기술자는 자문역 정도로만 활용할 생각이다. 원전의 안전 규제에서부터 설계, 제작, 건설, 운영·보수 등 전 분야에서 사우디 인력의 고용 창출 기회를 만들어 내고자 한다.

원자력 기술 인력 수요를 예측한 전문 용역 보고서에 의하면, 사우디는 대규모 원전 도입 시 소요되는 원자력 분야 총 인력의 65% 정도를 자국민으로 충당할 계획이다. 그럴 경우 약 4만 5천 명 정도의 사우디 인력이 필요해진다. 사우디 국왕의 입장에서 보면 자국 내의 고급 기술 인력의 취업 문제를 해결하는 데 원자력 산업만큼 매력적인 분야가 없는 것이다.

또 한 가지, 원자력 기술 분야만이 기여하는 국방·안보 차원의 관점이 있을 수 있다. 걸프만을 사이에 두고 남과 북으로 대치하고 있는 이란과 사우디 사이에는 이슬람의 시아파와 수니파의 종주국임을 과시하는 경쟁 구도가 형성되어 있다. 최근 5개년에 걸쳐 이란의 핵 잠재력과 서방 세계의 대 이란 경제 제재를 놓고 벌인 선진 6개국 협상 합의안인 JCPOA[56]에서 미국이 일방적으로 탈퇴할 때 사우디가 적극 지지하고 나선 것은 시사하는 바가 크다. 사우디도 자국 내 원자력 산업의 육성으로 대 이란 잠재력을 키우고자 하는 의지가 엿보이는 대목이기도 하다.

2.3 요르단의 연구용 원자로, 신뢰의 디딤돌

요르단의 수도 암만에서 북쪽으로 70㎞ 거리에 요르단 제2의 도시라 불리는 이르빗(Irbid)이 있다. 이르빗에는 요르단 최고의 공과대학 JUST[57]

56　JCPOA: Joint Comprehensive Plan of Action
57　JUST: Jordan University of Science &Technology, 우리나라 KAIST에 해당하는 학교

가 있다. 그런데 이 학교 구내에는 우리나라가 지어 준 요르단 최초의 연구용 원자로 JRTR[58]이 2016년부터 가동 중이다.

어떻게 연구용 원자로가 JUST에 지어질 수 있었을까? 이 연구용 원자로는 중동의 작은 왕국 요르단이 원전 확보의 첫 단추로 야심차게 착공한 시설이다. 필자는 사우디 근무시절인 2012년과 2016년 두 차례에 걸쳐 이 시설물을 방문한 적이 있다. 원자력연구소 후배들이 설계하고 건설, 관리하는 연구로 사업이었기에 나름대로 찾아볼 의미가 있었던 것이다.

요르단이 원자력연구원과 대우건설 컨소시엄에 이 연구로 사업을 발주한 것은 2010년이다. 당시 연구로 설계는 연구원이 맡았고 시공은 대우건설이 맡아 6년 만에 준공했다. 우리나라의 원자력 수출은 2009년 아랍에미리트 상용 원전 수출, 2015년 사우디 스마트 소형 원전 설계 수출 등이다. 이 중 100% 우리 기술로 만든 원자로가 해외에서 건설, 가동되기는 JRTR이 단군 이래 처음이다.

이 연구로 건설은 총 2억 달러 규모로 UAE 원전 수출에 가려 국내에서는 별로 알려지지 않았지만 이 사업의 참뜻을 알면 생각이 달라진다.

---

58 JRTR: Jordanian Research &Training Reactor

우리나라가 미국에서 TRIGA 연구로를 처음 수입한 것이 50여 년 전이다. 그리고 우리 자체 기술로 대덕연구단지에 '하나로'를 건설한 것이 벌써 20년 전이다. 이렇게 연구로를 통한 상용 원전의 핵심 기술들이 축적되며 25기의 원전이 국내에 건설되었다. 이들 원전은 우리나라의 첨단 중화학산업의 원동력이 되어 주었다. 요르단의 JRTR 사업은 그 연장선상에 있다. 설계에서 시공까지 순수하게 우리 힘으로 이루어낸 해외 원자로 건설의 첫 사업이다.

기존 모델을 반복해서 건설하는 상용 원전과 달리, 연구로 건설은 발주처의 필요에 따라 원자로의 용량이나 활용 기능이 달라진다. 사용자의 필요에 맞춰 개념 설계부터 다시 해야 하는 사업이다. JRTR은 요르단 최고의 공과대학 캠퍼스에 건설된 연구용 원자로이다. 때문에 의료용 및 산업용 동위원소 생산 기능뿐만 아니라 중성자를 이용하는 과학 연구 기능과 학생 훈련 기능을 다 만족시켜야 하는 다목적 연구로이다.

이처럼 참조 모델이 없는 연구용 원자로를 우리나라 기술진이 독자적으로 설계해서 건설하고, 더욱이 발주처의 다양한 요구사항을 모두 만족시켰다는 것은 놀라운 일이 아닐 수 없다. 우리나라의 원전 설계 능력이 상당한 수준에 도달했기에 가능했다. 향후 JRTR의 활용 및 추가 연구 설비 설치를 위해 한국과 요르단은 장기간 원자력 파트너로서의 관계를 유지하게 될 것이다.

이런 작업이 쉽게 이루어졌다고 생각하면 큰 오산이다. 여기에는 사업의 수익성을 뛰어넘어 원자로의 건설 자체에 큰 의미를 두었던 원자력 연구원과 대우건설 기술진의 피땀 어린 분투가 감춰져 있다. 그 과정에는 눈물 흘릴 수밖에 없는 감동적인 이야기들이 곳곳에 숨어 있다. 그야말로 악착같은 집념으로 수많은 역경을 이겨낸 인간 승리가 곳곳에 배어 있다.

이런 헌신이 있었기에 요르단 기술 경영진의 신뢰를 얻어 낼 수 있었던 것이다. 한국을 경이로운 눈으로 바라보는 중동인의 시각은 저절로 형성된 것이 아니다. 어떤 난공사도 돌파해 내는 한국인의 저력을 이들은 70년대부터 보아왔던 것이다. 거기에 원자로 건설에서 보여준 한국 기술진들의 집념과 헌신을 이들은 옆에서 충분히 지켜봤던 것이다. 이런 경험이 한국인에 대한 깊은 신뢰와 굳건한 믿음을 만들었다. 아랍에미리트가 바라카 원전 가동 후 60년 동안 한국 기술진에게 운영을 맡기는 것은 결코 우연이 아니다.

하나로, IAEA 국제연구용원자로센터 지정

2019년 우리 원자력계는 또 하나의 쾌거를 이루게 된다. 국내 최대 연구용 원자로인 하나로(HANARO)가 아시아·태평양 지역 원자력 공동연구의 거점으로 국제원자력기구가 공인하는 국제연구용원자로센터(International Center for Research Reactor, ICERR)로 공식 선포되었다. 그동안 하나로가 국제 무대에서 연구용원자로의 활용 확대를 위한 교육, 훈련, R&D 서비스 제공 등의 능력을 인정받아 아시아·태평양 지역의 유일한 국제센터로 발돋움하게 된 것이다. 2016년 하나로와 동일한 연구로가 중동의 요르단에 수출되어 가동에 들어간 것도 이번 선정에 일조를 한 셈이다.

이로서 2019년 우리의 원자력 기술은 대형 원전 APR1400의 미국 원자력규제기관 USNRC의 설계승인 획득과, 연구용원자로의 IAEA 국제센터 지정으로 세계무대에서 양 날개를 달게 된 셈이다. 국내 사정은 원자력 발전에서 후퇴하는 '탈원전' 정책과 일부 대전지역 시민단체의 하나로 연구로 가동 중지 움직임이 국제 위상과 너무나 동떨어진 현상임을 보여주고 있다.

3 ─────────── 기술 자립의 뒤안길

3.1 좌절의 시대

정부의 부름을 받고 귀국한 1979년에 필자에게 주어진 연구과제는 원자력발전소 핵연료에 사용할 수 있는 이산화우라늄(UO_2) 분말을 제조하는 것이다. 고온·고압하에서 사용되는 핵연료는 원자력발전소 가동의 안전성과 밀접한 관계가 있으며, UO_2 분말 자체의 스펙이 매우 타이트하고 조건이 많아 최적의 생산 공정의 조건을 찾는 것은 대단히 어려운 일이었다.

1979년 그 시절의 연구소 연구 환경은 그야말로 맨손에서 시작하는 것으로, 사과 박스를 쌓아 올려 만든 실험대에 비닐을 씌어 사용했다. 연구원 5명에 연간 연구비가 단돈 천만 원도 안 됐고, 싱크대와 제대로 된 환기 시설조차 없이 비커 몇 개로 시작하였다. 열악한 환경에서 원자력 기술 자립을 한다는 것은 참으로 황당하고 시간 낭비일 것이라는 생각에 절망을 했지만, 내게 용기를 준 것은 같이 연구를 할 연구원들의 뜨거운 눈빛이었다. 아무것도 없지만 무에서 유를 창조하겠다는 그들의 강력한 눈빛에서 희망을 보았다.

당시에 시설의 미비로 대부분의 연구원이 관련 문헌을 찾기 위해 또는 실험에 필요한 기자재를 구입하기 위하여 서울의 타 연구소 도서관이나 청계천 주변 상가를 찾아 헤매고 다녔던 고달픈 시간들을 잊을 수가 없다. 그 당시 청계천 상가는 부품과 재료를 공급하는 유일한 곳으로 특히 중소기업에는 없어서는 안 되는 곳이었다.[59]

강한 열정으로 우리 모두가 모든 것을 바쳐 열심히 뛰고 있는 그때, 10.26사태로 대덕연구단지 특히 원자력 관련 연구 기관은 대혼란에 빠지고 말았다. 과연 이곳이 내 생의 모든 열정과 시간을 바쳐서 일을 할 수 있고, 일 할 가치가 있는 곳인가 하는 회의에 빠져서 고민하였다. 연구를 할 수 없는 연구소라면 차라리 대학에 가서 강의하는 것이 훨씬 바람직한 일이란 생각에서 연구소를 떠날 준비를 하고 있었다. 몇몇 연구원들은 이미 떠났고, 나머지 동료들도 모두 다 자기 살길을 찾아 헤어질 생각을 하고 있었다.

무엇보다도 절망적이고 가슴 아팠던 것은 침체된 연구소의 분위기가 마치 거대한 선박이 기관 고장을 일으켜 방향 감각을 잃고 망망대해를 표류

---

[59] 부언하면 서울시가 청계천을 복원한다고 할 때에 그곳에 "조국 근대화 상징물"을 건립할 것을 건의했으나 그 뜻을 이루지 못한 아쉬움이 있다. 우리나라 근대화 발전에 중요한 역할을 했던 세운상가에는 4차 산업혁명시대에 부활운동이 일어 일부 첨단 산업 업체들이 참신한 사업모델로 입주한다는 소식이 있어 다행스럽다. 일례로 우주인 고산 박사는 ICT 기술혁신을 기반으로 하는 벤처업체를 창업하여 세운상가의 역사를 기억하며 입주하였다고 한다.

하는 것 같았다. 대부분의 연구 과제 또한 연구를 위한 연구일 뿐이고 정부나 관련 기관의 기술 자립 의지를 전혀 찾아볼 수 없었다.

신(新) 바람

1982년 한필순이 한국원자력연구소 대덕분소장으로 부임해왔다. 혜성처럼 나타난 이 사나이는 전혀 새로운 생각과 의지로 예언 같은 앞날의 로드맵을 그렸다. 부존자원이 없는 한국의 미래는 오직 '원자력 기술 자립'뿐이라는 전제하에, 원전 기술 자립의 뿌리가 된 "월성로형 핵연료 국산화 기술 개발"이란 국가과제를 만들어냈다. 실의에 빠졌던 연구원들에게 격려와 지원을 해 줌으로써 절망하고 좌절했던 마음들을 다시 한데 묶어 연구에 심혈을 기울일 수 있게 해 주었다.

땀, 비지땀

비커로 시작한 3년여 간의 기초 실험을 거쳐 1982년 말에 UO_2 분말 연 1톤 규모의 아주 작은 파일럿 플랜트(pilot plant)를 건설하였다. 이를 통해 생산한 UO_2 분말이 핵연료로 사용하기에 적합하다는 확신과 함께 AUC[60] 공정 개선을 위한 엔지니어링 데이터를 얻을 수 있었다. 이어서 1983년에는 UO_2 분말 생산 상용 공장 규모로의 스케일 업(scale up)에 필

---

60 AUC: ammonium uranyl carbonate

요한 엔지니어링 데이터를 확보하여 월성원자력발전소에 장전할 핵연료를 직접 생산 공급할 목표로 10톤 규모의 파일럿 플랜트 건설에 착수하였다.

그때까지만 해도 연구실에서 비커만 가지고 기초 연구만 했다. 현장 경험이 전혀 없는 연구원들로서는 연 10톤이라는 파일럿 플랜트는 별로 큰 규모도 아니지만 대단한 도전이었던 것이다. 이 시설을 짓던 1983년의 여름은 유난히도 무덥고 길었다. 90%가 넘는 습도에 40℃를 오르내리는 흡사 한증막 같던 H-동 3층에서 밤을 새우면서 땀 흘려 일했다. 그 일이 밑거름이 되어 그해 9월 17일 액체 폐기물 처리 공정을 제외한 전 공정, 즉 증발-여과-배소·환원-안정화 공정을 우리의 기술과 손으로 완성할 수 있었다.

이 작은 성취감을 만끽할 겨를도 없이 월성발전소에 공급할 핵연료 생산이라는 절체절명 아래 서로를 위로하며 하루 24시간 조업에 들어간 것은 준공식 직후였다.

3.2 희망의 시대

핵연료로 사용될 최종 생성물인 UO_2 분말은 적합한 물리화학적인 특성을 갖추어야 한다. 특히 우라늄과 산소 구성 비율, UO_2 입자의 모양, 그 크기의 분포, 기공(pore)의 크기와 분포, 비표면적, 그리고 밀도 등의 조건을 완벽히 충족시켜야 했다. 증발조, 침전조, 유동층 반응기 등에서 우리의 기대와는 달라 사소한 사고 등으로 시운전 기간은 예상을 훨씬 빗나갔다. 그래서 약 10개월 만인 1984년 7월 13일(Good Friday)에야 비로소 모든 조건을 만족하는 UO_2 분말을 만들 수 있었다. 그날, '84년 7월 13일 Good Friday'는 우리 모두가 지금까지 흘린 많은 땀과 잃어버린(?) 밤잠에 대한 보상을 하기에 충분할 정도로 기쁜 날이었다. 그 후 UO_2 분말 생산에 박차를 가하여 2조 2교대의 연속 철야 조업을 40일간 함으로써 1,200kg의 UO_2 분말 생산이 가능하였다. 동시에 공정의 신뢰성을 확인하게 되었으며, 영원히 선진국의 전유물로 생각되어 왔던 '기술 자립'이라는 것이 우리에게 멀지 않았다는 확신을 갖게 되었다.

우라늄 공장에 웬 청진기?

특기할 만한 사건 하나가 유동층 반응기에서 발생하였다. 이 장치는 외부로부터 공급되는 원료 분말과 스팀, 수소 및 질소 가스들이 잘 혼합되어 고온 상태에서 그 유동성이 계속 유지되어야만 한다. 그런데 놀랍게도 인체의 심장과 비슷하여 심장마비에 해당하는 '초킹(choking)'이라는 현상이 가끔 일어난다. 초킹이 일어나면, 유동성이 중지되고 모든 분말이 바닥에 가라앉아 핵연료로의 UO_2 분말로서는 불합격품이 된다. 문제는 이를 제어실에서는 전혀 감지할 수가 없다는 것이다. 고민하던 중, 간호원이었던 한 연구원 부인의 아이디어로 청진기를 사용하게 되었고, 이로써 이 현상을 아주 쉽게 감지할 수 있었다. 그리하여 만일 조업 중에 초킹 현상이 청진기를 통해서 관찰되면, 심장마비 환자에게 응급조치하는 전기충격과 똑같이 고압 질소 가스로 강한 충격을 주어 초킹 현상을 해소시켜 정상 조업을 할 수 있었다. 유동층 반응기의 조업 상태 점검에 청진기의 사용은 비파괴 검사법으로 최고의 특허감(?)이 아닐까? 마치 환자를 진찰하듯 유동층 반응기의 유동성을 청진기로 관찰했던 기억은 지금도 참 재미있게 생각된다. 이는 연구원과 모든 가족들의 노력과 관심의 결과라고 하겠다.

또 하나는 2kg의 UO_2 분말을 유동층 반응기에서 실험하던 중 연결 파이프가 터져서 그 작은 연구실 공간이 까만 UO_2 미세 분말로 꽉 차서 앞이 보이지 않게 된 일이다. 함께 있던 연구원 모두가 옷을 다 벗고 수돗물 호수를 가지고 뛰어들어 몇 시간 동안 실험실 전체를 물로 세척했다. 그리고 돌아보니 눈 코 귀 할 것 없이 온몸을 UO_2가루로 새카맣게 뒤집어 쓴 모습이 아닌가! 울 수도 웃을 수도 없는 상황에서 서로를 마음으로 위로를 했던 기억이 지금도 생생하다. 그때 기관지를 통해 우라늄이 우리 몸속에 많이 들어갔지만 며칠 후 검사를 해 본 결과 별 이상이 없었다. 물에 녹지 않는 분말이므로 모두 밖으로 배설되었다고 생각한다.

10톤 파일럿 플랜트 건설 과정에서 부러움과 질투(?)를 받은 사건이 있었다. 그 당시 연구소는 그야말로 부족한 연구비 때문에 비상이 걸렸다고 할까, 건설을 위한 연구비 9억의 마지막 결재를 받기 위해 소장 한필순에게 설명을 드렸더니, 나를 한번 쳐다보시더니 결재서류 위에 크게 X를 긋는다. 깜짝 놀라 쳐다보니, 하시는 말씀이 9억 대신 11억으로 결재서류를 다시 만들어 오라는 것이었다. 필자는 10명이 하는 일을 7~8명이 할 수 있어야만 지혜와 협력과 창의력이 생기고, 연구비도 최소한으로 해야 한다는 철학을 가지고 있었다. 막상 이 플랜트를 완성하는데 그의 예측대로 11억이 좀 더 들었다. 경영자의 감탄스런 혜안을 읽을 수 있는 대목이었다. 훌륭한 지도자는 시대를 탓하지 않고, 없는 것을 탓하지 않고, 부족하지만 있는 것으로 최선을 다한다는 교훈을 배웠다. 그는 없는 것, 부족한 것 탓하지 않고 격려하고 언제나 솔선수범했다. 모든 공은 함께 일하는 동료나 부하 직원에게 돌리고, 윗사람에게 쓴 소리를 서슴없이 하는 사심 없는 지도자이었다. 그런 분이 아니었으면 오늘의 대한민국의 원자력 기술 자립이 가능했을까. 그런 분을 모시고 거의 반세기를 함께할 수 있었던 것에 참으로 감사한다.

85%의 국산화율 달성

10톤 규모 파일럿 플랜트 건설 과정에서 축적된 엔지니어링 데이터와 조업경험을 토대로 다시 25톤 파일럿 플랜트 건설에 착수하고, 1985년 10월 18일 그 준공을 보기에 이르렀다. 전 공정의 자동화는 작업 환경의 개선 및 경제성 제고의 효과 이외에도 공정제어의 균일화를 통한 최종 생성물의 품질을 향상시킬 수 있다는 점에서 그 일을 담당한 몇몇 연구원들은 집념어린 노력을 경주하였다. 국산 부품을 최대한 활용하자는 한결같은 전 연구원의 뜻대로 플랜트 건설에 필요한 재료, 부품 및 기기에 관한 국내 업체 자료를 수집함과 동시에, 서울 구로구 공업 지대와 청계천 상가를 탐방하여 찾아낸 부품을 이용하여 국산화율을 85%까지 끌어올릴 수 있었다. 모든 장치는 연구소 공작실 직원들의 3개월에 걸친 헌신적인 작업의 결과로 기대 이상으로 훌륭하게 제작되었다.

기술 자립 의지의 승리

한때 내·외부의 논란 및 압력으로 사장될 위기에 처하기도 했던 핵연료 변환/재변환 공정의 상용화는 자체 기술로 핵연료의 양산공정 국산화 개발을 적극적으로 추진하였다. 소장 한필순의 강한 기술 자립 의지에 힘입어 1985년 1월 연 200톤 생산 규모의 상용 공장 건설 방침이 확정되었고, 동년 3월에 국내 엔지니어링 회사와 설계 계약을 하였다. 그리고 1987년 12월 준공을 보기에 이르렀다.

이 상용공장의 많은 방문객 가운데, 미국 국무부의 콜튼과 서독 RBU사의 라우흐트 등 핵연료 전문가들은 이 변환 공정의 자동화, 공정 배치 및 안전성을 위해 탱크류와 공정별 구역을 완전 분리시켜 놓은 것에 대하여 세계에서 가장 훌륭한 설비라는 찬사를 아끼지 않았다. 특히 건설비가 자기들 생각의 1/10밖에 들지 않은 데 몹시 놀라워했다. 건설비 110억은 약 4년간에 걸쳐 모두 8개의 연구 과제로부터 모은 것임을 밝혀두고 싶다.

3.3 희생과 승리의 환희

비커를 기울이며 시작한 지 4년 반 만에 우리 손으로 설계 제작한 파일럿 플랜트를 거쳐 끝내는 상용공장까지 건설하였다. 이로부터 생산한 핵연료가 상용 발전소에 장전되어 우리 부모형제의 가정마다 불을 밝혀준다는 사실에 많은 밤을 지새웠던 우리 동료 연구원들의 힘든 연구 생활이 충분히 보상을 받는 것 같았다. 빈손으로 시작하여 오늘날 이 만큼의 연구 결과를 얻을 수 있었던 것은 연구원간의 인화와 협동에 의한 결과라고 확신한다. 특히 냉난방 시설 없는 유난히 높은 연구실과 그 구석에 두 면은 앵글과 아크릴로 벽을 만들고 나머지 두 벽은 스티로폼으로 덮은 5평짜리 다락방에서 7명의 연구원이 매년 3~4개월씩 철야 작업을 하였던 날들이 우리 할배들에겐 이젠 아스라한 추억이 되었다. 체력을 유지(?)하기 위해서 깊은 밤에 라면을 끓이고 앞 동네 아낙네의 별미인 닭죽을 나눠 먹으면서 운명공동체라는 동질감을 뜨겁게 느낄 수 있었다. 어느 한 해는 연속 조업을 위해서 전 연구원이 크리스마스 휴일을 반납했던 일도 아름다운 추억으로 남아 있다. 재변환 연구실장인 박진호는 본인과 가족이 열망했던 미국에서 1년간 박사 후 연수 기회를 기꺼이 포기하고 이 연구에 헌신했다는 점을 강조해두고 싶다.

아쉬운 점이 있었다면 이 초기에 좀 더 확고한 정책과 적극적인 인력 및 연구비의 지원이 있었으면 적어도 2년 정도의 연구기간을 단축할 수 있었다는 점을 첨언해 두고 싶다. 순수 연구를 위한 연구보다도 연구와 상용화의 연계는 확실히 연구 방향을 다각도로 유도하고 보다 많은 고민과 생각과 토론을 집약해야 한다는 것을 알 수 있었다.

성공의 시대

어려운 환경 속에서 피나는 연구 노력으로 국내 모든 원자력발전소에 공급할 수 있는 중수로 핵연료 변환 및 경수로 재변환 공장이 우리의 순수한 연구 개발로 건설되었다. 그 결과 기술료를 포함해서 연간 300~400억 원의 외화를 절약하게 된 것도 중요하지만, 더욱 중요한 것은 우리 연구원들에 대한 신뢰였다. 아주 생소하게 느껴졌던 기술 자립이란 단어가 우리의 친숙어가 될 수 있었다는 점도 큰 소득이었다. 우리도 이제 원자력발전 선진국에 진입할 수 있었다는 자부심이 우리를 기쁘게 한다. 오랜 연구 개발에서 얻은 것은 연구소는 '연구 개발'과 훌륭한 '연구 인력'을 양성하는 것이 무엇보다도 중요하다는 것이었다. 더 나아가 우리도 할 수 있다는 자신감을 얻는 것이었다.

이 작은 열매가 핵연료 국산화, 연구용 원자로 개발, 한국형 원자로 개발 그리고 스마트 중소형 원자로 개발로 이어졌다. 명실공히 원자력 기술 선진국으로 도약함으로써 굴욕적인 원자력 기술 식민지에서 해방되어, 이제는 원자력 기술을 해외 여러 나라에 수출하는 나라가 되었다. 이는 분명히 '대한민국 기술 브랜드'를 세계에 알리는 역할을 할 것이다.

4 ──────── 인간 한필순(1933-2015)

4.1 맨손의 과학자

'에너지 자립 없는 나라에 진정한 자주 독립은 없다.'
우리나라 과학기술의 자력이 곧 국력임을 믿은 과학자,
원자력 기술 자립을 이끈 진정한 리더,
그 신념을 이 땅에 뿌리내리고 여기 잠들다.

대전 현충원 그의 묘소에 새겨진 비문이다. 그는 '기술이 없으면 노예가 된다'고 외치며 핵연료 국산화 사업과 한국형 경수로 기술 자립을 이루기 위해 혼신을 바쳐 연구소를 이끌었다. 이런한 과정 속에서 무수한 탄압을 감수하면서 비리에 연루되었다는 누명을 써 검찰 조사까지 받았으나 어떠한 외압 속에서도 그의 투명하고 꼿꼿한 의지만이 밝게 드러날 뿐이었다. 우리 자신의 실력을 믿지 못했던 그 시대에 '기술 자립을 못 이루면 태평양 바다에 빠져 죽자'라는 과격한 각오와 함께 만세삼창을 외치던 과학자 한필순. 그런 그를 끝까지 믿고 따랐던 이른바 '한필순 사단'이라 불리던 과학자들이 있어 그는 행복했다. 이 책을 집필한 필자들도 그들이 주력이다. 작고한 지 4년 후 정부는 그의 공로를 인정하여 '과학기술인 명예의 전당' 유공자로 선정하였다.

인간 한필순은 우리나라 과학기술 리더십의 아이콘이다. 6.25전란 중의 월남으로 시작된 그의 삶은 드라마 같은 성장기와 1970년 창설된 국방과학연구소 시절의 여러 기술 개발 스토리들로 잘 알려져 있다. 국방과학연구소의 구조 조정이라는 '운명의 변덕'으로 원자력 부문에 새로운 도전을 하여 우리나라 원자력 기술 자립의 이정표를 세우는 역사가 되었다.

모방할 수 없는 그의 리더십은 남다른 삶의 궤적이 한몫한 것 같다. 사춘기였던 10대 소년 시절 모친을 두고 6.25전란 중 38선을 넘어 남하하면서 겪은 사선을 넘는 경험, 피난지 부산에서 굶주림에 방황하면서도 낡은 과학책 한 권을 외우다시피 탐독하던 경험 등… 어쩌면 인간 생사의 역경을 경험한 그는 생존의 문제와 전략에 대해 남다른 관심과 깊이를 탐구한 것 같다.

4.2 일본을 벤치마킹

그가 원자력연구의 지휘를 맡게 된 후, 후행 핵연료주기에 관해서는 일본을 벤치마킹할 이유가 있었다. 일본은 아시아의 선진국으로서 원자력 분야에서도 선두를 달렸다. 서구 선진국에 못지않은 산업 국가임에도 우리나라와 마찬가지로 '석유 한 방울 나지 않는' 자원 빈국이었다. 유카와 히데키와 같은 노벨상 과학자들이 포진해 있으니 원전이든 핵무기든 못 만들게 없는 산업 여건을 갖추고 있다. 다만 태평양전쟁의 패전국으로 미국과의 방위 조약에 의해 핵우산 아래에 있으므로 우리나라와 마찬가지로 핵확산에 관한 감시를 받는다. 그러니 한발 늦게 따라가는 입장인 우리나라가 벤치마킹하기에 가장 적합한 사례였다. 일본은 우리나라와는 비교하기 어려운 규모의 경제와 산업여건을 갖추고 있어 단순 비교는 어렵겠으나 참고사례는 많이 있었을 것이다. 일본에서 배우는 데 유리했던 또 한 가지 요소는 언어 소통일 것이다. 한필순처럼 일제 강점기에서 교육을 받아 일본어 소통이 가능한 선배 세대들은 원자력 분야에서 잘 정리된 일본 서적 탐독과 일본 전문가들과의 직접적인 소통이 가능했다. 일본 전문가의 초청이나 시설 방문도 한두 시간 비행거리에 있다는 지리적 이점도 추가된다.

80년대 전반, 한필순은 연구소장을 맡으면서 한국원자력연구소의 핵연료주기 기술 자립에 고심하며 국내 전문가는 물론 선진국 전문가들에게 틈나는 대로 사사받던 시절 일본에서 자주 방문하던 나카무라(中村康治) 박사가 있었다. 그는 일본 원자력계의 핵연료주기 고위 전문가로 은퇴하여 고베강철 고문을 하면서 가끔 대전의 원자력연구소를 방문해 유익한 조언을 제공했기에 한필순의 '가정교사'로 통했다. 그가 나카무라 선생께 배운 교훈 중에는 미국과 같은 절대 권력에는 대들지 말고 원자력의 평화적 이용을 철저히 준수하면서 국제사회에 착실한 모범생으로 자리를 잡는 것이 애국하는 길이라는 일본의 지혜를 전수받은 것이다. 그런 교훈을 기반으로 소장 한필순은 미국의 핵비확산 분야 원자력 담당자들(세섬, 콜튼, 버카트 등)과 서로 신뢰하는 외교적 관계를 수립하여 연구소의 발전에 크게 기여하였다.

4.3 대덕클럽의 유산

그가 외국에 출장 가면 관광 대신 최우선으로 삼은 활동은 책을 한보따리 사서 싸들고 귀국하는 것이었다고 한다. 특히 일본에 가면 반드시 책방에 들려 읽어야 할 책을 쓸어 담아 왔다고 한다. 물론 미국이나 영국에 가면 원자력이나 과학기술 분야의 영어 책이 대상이다. 이렇게 평생 모은 책을 탐독했고 연구원 고문 시절 도서관에 기증하여 한필순 기증서 코너가 생겼다.

독서광인 한필순은 70년대 로마클럽이 결성되어 발간한 《성장의 한계(Limit to Growth)》라는 책에 감동하였던 것 같다.[61] 성장의 한계는 MIT의 메도우즈Meadows 교수를 비롯한 17명의 연구자들이 컴퓨터 시뮬레이션으로 인류사회의 경제 성장, 인구 폭발, 자원의 고갈 문제 등을 분석하여 세계적인 주목을 받았다. 그 후 로마클럽에서는 후속 연구들이 잇달았으며, 2004년에는 메도우즈 교수팀이 《성장의 한계: 30년의 업데이트》를 출간했다.

---

61 로마 클럽(Club of Rome)은 1968년 이탈리아 사업가 아우렐리오 페체이의 제창으로 지구의 유한성이라는 문제의식을 가진 유럽의 경영자, 과학자, 교육자 등이 로마에 모여 회의를 가진 데서 붙여진 명칭이다. 천연자원의 고갈, 환경오염 등 인류의 위기 타개를 모색, 경고·조언하는 것을 목적으로 했다. 1972년 〈성장의 한계〉라는 보고서를 발표, 제로 성장의 실현을 주장하여 주목을 받았다.

한필순은 대덕연구단지의 출연연 인사들을 중심으로 '대덕클럽'을 결성하였다. 이 클럽은 대덕연구단지의 출연연들을 중심으로 과학·기술 개발 정책을 연구자들의 입장에서 검토하여 정부에 피드백하는 민간 씽크탱크(think tank) 역할을 하기 위한 것이었다. 30여 년 이어져 오던 '대덕클럽'은 그의 사후 '대덕이노폴리스포럼'으로 확대되어 오늘에 이르고 있다.

한필순은 소장직에서 은퇴 후에는 시간적 여유를 퇴근 후 야간강좌를 열어 연구원들의 자발적인 참여를 독려하였다. 퇴근 후 구내식당에서 식사 후 연수원의 빈 강의실로 가면 그는 다양한 이슈의 주제들을 골라 집중적인 분석과 토론을 벌이기 좋아했다. 로마클럽의 〈성장의 한계〉 보고서가 그런 범주의 대표적인 주제다. 식량 증산이 인구 증대의 한계를 견뎌낼 수 있는 범위가 어디까지인가. 석유 같은 에너지 자원의 고갈은 언제 오며 대처 방안은 무엇인가? 물론 원자력이 있다. 그러나 그는 물리학자로서 태양에너지 발생량과 지구에 도달하는 태양광에너지의 가용성에 대해 놀랍게도 정확한 수치를 외워내며 그 한계를 설파한다.

수십 년이 지난 지금도 기억나는 그의 강연 주제 중에 '구명정 윤리(Lifeboat Ethics)' 이론에 대한 분석이 있다.[62] 1994년경으로 기억되는 이

---

62 70~80년대 미국의 개럿 하딘(Garrett Hardin)이란 학자가 펼쳐 상당한 주목을 받았던 인간생태학(human ecology) 이론으로 알려져 있다.

강좌의 요점은 "선박 사고로 구명정이 태울 수 있는 인원이 제한돼 있을 때 누구를 우선적으로 구해야 되는가?" 하는 문제였는데 이는 미국 이민 정책에 대한 지론이라는 것이었다.[63]

"이것은 곧 미국이 세계를 포용하는 정신으로부터 미국이 살기 위해서는 새로운 이민 정책을 택해야 한다는 것입니다. 지금은 분명 국제화 시대로 일견 공평하고 평등한 경쟁무대가 마련된 것처럼 보이지만, 한편으로는 자국의 이익을 위해 수단과 방법을 가리지 않는 현실입니다. 미국처럼 여유 있는 나라도 이미 위기 상황을 규정하고 준비하는데 과연 우리는 어떤 준비 태세를 해야 하는지 살펴보도록 합시다."

이게 25년 전의 이야기였다고는 믿기 어려울 정도로 시사적이다. 그 시절에 그는 이미 트럼프의 멕시코 국경 폐쇄를 예감했던가!

---

63 한필순 퇴임기념문집, 《21세기 우리의 선택(원자력 기술 자립의 길목에서)》(1994)

5 ──────── 원자력 할배의 문화담론

　동전의 정면에 '원자력'이 찍혀 있다면 후면에는 '핵'이 등을 맞대고 있다. 동일한 원자핵을 이용하는 기술의 평화적 이용에는 '원자력'이라 칭하고, 핵무기에 사용되면 '핵'이라고 부른다. 예전에는 '원자탄'이라는 말도 사용했지만, 북한 핵무기를 줄여 '북핵'이라고 통칭하기 시작한 이후 대개 핵무기라고 부른다. 이에 비해 원자력발전소는 '원전'으로 줄여 불러서인지 반핵 계층에서도 '핵전'이라고 부르지는 않고 핵발전소로 부른다. 마찬가지로 방사성폐기물도 핵쓰레기로 '악화'해 부른다. 요즘 우리 사회에서는 원자력은 좋은 것, 핵은 나쁜 것으로 이원화된 인식이 고착되고 있는 상황이다. 과학적 사실과 관계없이 용어가 찬반 논쟁을 위한 수단으로 남용되고 있는 것이다. 이건 순전히 말장난이란 걸 눈치 빠른 사람은 다 알 것이다. 이러한 사회 현상의 배경에는 그만한 문화적 역사가 축적되어 왔으니 뒤에 좀 더 따져 보고자 한다.

　원자력의 역사를 탐구해 보는 데는 관련 용어의 변천을 검토해 보는 것도 흥미롭다. 특히 우리나라는 원자력의 과학기술적 측면보다는 그 응용으로 인한 결과에 따라 용어에 대한 대중들의 인식이 진화되어 왔다. 원자력 전문가들은 직업적 필요성에 따라 용어를 만들어 사용하는 데 비해, 일반인들은 관련 지식에 대한 교육이나 매체를 통한 인식의 형성에 의해 비전문적인 용어와 명칭을 사용하면서 원자력을 이해해 왔다.

과학기술사적으로 볼 때 원자가 먼저 발견되어 용어로 사용되었으니 원자에서 나오는 힘을 원자력(atomic energy)이라고 부른 것은 당연하다. 현대 과학에 의해 원자의 구조가 밝혀지기 시작한 기원은 1895년 뢴트겐Roentgen의 엑스선X-Ray 발견을 필두로 이듬해 베쿠렐Henri Becquerel의 피치블렌드 광물 베타선 감광 효과 관찰을 들고 있다. 뒤이어 1896년에는 퀴리부인이 피치블렌드에서 라듐과 폴로늄을 분리하여 방사능은 원자의 전자가 아닌 중심에 있는 핵에서 기인함을 이해하게 되었다. 이러한 발견을 바탕으로 1900년대 들어 러더포드Rutherford와 보어Bohr 등에 의해 파악된 원자 속 핵의 존재는 그 잠재력이 알려지기 전까지는 과학자들 외에 일반인들은 그저 원자의 일부로서 보편적인 활용도가 없었기에 핵에너지(nuclear energy)라는 차별적인 용어를 사용할 필요가 많지 않았다.

5.1 '두 문화(Two Cultures)' 이야기

한국원자력연구소가 태동한 1959년 영국의 케임브리지 대학에서 유명한 강연이 개최되었다. '리드강연(Rede Lecture)'으로 알려진 스노우C.P. Snow의 '두 문화와 과학 혁명'이라는 제목의 강연이었는데 60년이 지난 지금까지도 메아리가 울릴 정도로 서구 지식층에 여운을 남긴 '사건'이 되었다. 스노우의 논지는 영국 사회의 지도적 인사들의 인식 부족으로 영국의 과학기술 수준이 타 경쟁국에 뒤지고 후진국 개발에 대한 인도적 관심도 부족하다는 것이었다.[64] 한마디로 영국 사회를 지배하는 인문계 인사들이 자신들의 형편없는 과학기술 지식을 창피해하지 않고 과학기술자들의 인문학적 지식 부족을 탓하는 인식을 힐난한 것이다. 셰익스피어를 모르는 과학기술자는 무식한 놈으로 취급하면서 열역학 제2법칙을 모르는 인문학자는 당연히 그럴 수 있다고 보는 잘못된 관행을 꼬집었다. 그때까지 영국 사회에서 이런 가십이 회자된 적이 없었기 때문에 인문학계에 큰 충격을 일으켰고 사회문화적 여파를 남겼다.

미국을 비롯한 강대국의 원자력 개발 역사를 보면 스노우가 논했던 두 문화 간의 사회적 갈등을 볼 수 있다. 즉 원자력에는 고도의 전문적인 기술 집단의 문화와 관련 정치권의 문화적 충돌이 있었다. 미국의 경우는 맨해튼 프로젝트 책임자였던 오펜하이머를 비롯한 과학자 집단과 냉전의 정점을 주도했던 매카시 상원의원의 '마녀사냥'식 갈등이 유명하다. 프랑스에서는 앞서 언급한 과학자 졸리오퀴리의 정치적 입장과 프랑스 정치권 간의 갈등이 비교된다.

이러한 서구 역사에 비해 우리 사회의 '두 문화'는 지난 60여년 어떻게 변해왔나 되돌아보게 된다. 외국의 사례로부터 배우는 교훈은, 과학기술자 집단은 정치권력에 쓸모가 있을 때는 권력의 지원을 받지만, 충돌이 생기

---

64 물론 그 몇 년 후 미국에서 쿤(Thomas Kuhn)이 《과학혁명의 패러다임》이라는 책으로 이에 대한 논박을 하였다.

면 퇴출당한다는 것이다. 이는 정치권력의 문제이다. 인문학적 문화 전통을 가진 우리나라에서는 이 권력 변화 현상은 영국보다 심한 것 같다. 우리나라는 남북 분단이라는 특수한 상황에 있었기에 정치적 기준은 과학적 가치보다는 이념적 기울기가 더 중요시되었다.

다행히도(?) 1979년 이전까지 이승만과 박정희 정권은 원자력 과학기술자들을 절실히 필요했다. 우리는 매체를 통해 북한 지도자가 핵개발에 성공한 과학자들을 업어주는 장면도 봤다. 과거 공산주의 사회에서는 정치적 목적으로 과학기술자에 대한 극진한 대우가 베풀어졌다. 그러나 이는 어디까지나 이념의 잣대 안에서만 있는 일이었다.

자유주의 사회에서 과학기술자에 대한 처우는 국가 경제 개발에 따른 수요가 지표였다. 그러한 사회적 지표는 대학의 전공과목에 따른 입학 경쟁률을 잣대로 가늠해 볼 수 있다. 이승만 정권의 이공계 우대로 그 시절의 공대 입학 성적은 최상위급이었다고 한다. 이러한 정책적 기조는 박정희 정권에서도 이어져 '유치과학자' 우대 정책으로 계승됐다. 그러다가 점차 수요가 채워지면서 80년대부터 이공계의 무게는 인문계 방향으로 기울기 시작했다. 90년대는 사회적 권력 이동으로 이공계 기피 현상이 일어났다. 원자력 분야를 포함한 과학기술계의 권력도 정치권으로 넘어갔다. 대중들은 과학기술자들을 예전같이 인식하지 않았고, 오히려 권력의 하수 집단으로 보는 시각도 있었다. 더구나 공공 부문에 속한 출연 연구 기관은 물리적 명세 제도(PBS)[65]의 시행으로 전문적인 자율성을 잃고 정부의 예산 관리 기관에 예속되기 시작했다.

키워드는 애국심?

그러나 그때 그 시절 우리 사회의 과학기술계를 지배하던 문화에는 놀랍게도 애국심이 있었다. 한국이 세계가 놀랄 정도의 원전 기술 강국이 된 데 대해서는 이 책의 앞부분에서 다루었지만, 인터넷에 떠 있는 아래와 같은 외국 전문가의 글이 주목할 만한 가치가 있다.

"As we talked, I was struck by the number of 'soft' things they attributed their success to, namely patriotism, hard work, and experience. They were proud of their success, and attributed it to Korean culture more than to anything 'hard' or physical about the plants, including their design. It dawned on me that what we call 'standardization' was a kind of discipline for them. It requires saying no to a lot of things."[66]

즉, 우리나라에서는 굳이 문화라고 칭하지 않는 어떤 '사회적 요소' 중 애

65　PBS: Project-Based System
66　Sam Kim, "South Korean Nuclear Waste", MIT Technology Review(2019)

국심으로 볼 수 있는 문화적 요소가 가장 중요한 성공요소였다는 것이다. 우리나라 국민들의 애국심은 국내에서는 잘 느껴지지 않으나, 외국에 가거나 또는 외국인이 한국에 와 보면 눈에 띄게 드러난다. 요즘 같은 글로벌 시대에 '국뽕'이라고도 부르는 우리나라 국민들의 유별난 애국심은 좋은 건가, 나쁜 건가?

한국 원자력 기술 자립의 화두를 애국심이라는 키워드로 본다면 당연히 그중 한몫을 한필순의 공으로 돌려야 하지 않을까? 그는 우리나라 원자력계의 지도자로서 애국적 신념에 가득 찬 삶을 보여준 범례다. 6.25전란 중 가족을 두고 사선을 넘는 탈북행로를 체험한 개인사 때문이었을까? 지금도 기억나는 그의 야간 강좌에서 난관을 통한 인간의 삶의 기술 터득의 딜레마가 생각난다. 행복을 추구하는 인간이 오히려 불행으로 점철되는 난관을 통해 단련되어야 경쟁력이 생겨난다는 역설이었다.

핵 소설들의 사회적 의미

우리나라의 별난 애국심을 가늠해 볼 수 있는 또 하나의 징표는 《무궁화 꽃이 피었습니다》라는 '핵소설'이다. 국가 통치자를 출연시키는 소설은 예전에는 출간 자체가 언감생심이었겠으나, 시기를 잘 탔던 것인지 400만 부 베스트셀러 반열에 올랐다. 이 소설의 코드는 애국심이라는 미끼를 깔고 있다. 물론 작가(김진명)는 이미 출간되었던 공석하의 팩션, '이휘소'의 스토리를 표절했다고 고소까지 당한 바 있지만, 작가의 글쓰기 역량은 이휘소라는 실명을 모델로 이용후라는 가명으로 재탄생시켰다. 이 소설은 북핵문제가 불거지던 1993년에 출간되었다. 만약에 26년이 지난 지금 이 소설이 출간된다면 국민들 반응이 어떨까 상상해 보게 된다. 그런데 이 소설이 '대박'이 나자 이를 흉내 내는 소설들이 시장에 나왔다. 오동선의 《모자 씌우기》가 그것이다. 북한의 핵실험이 세상을 놀래키자 남한의 핵개발 '비사'를 소재로 쓴 흔적이 역력하다. 그럼에도 저자는 책 서두에 원자력계 인사로부터 귀띔 받은 역사적 사실에 근거해 쓴 팩션이라고 밝히고 있다. 박정희 정권의 핵개발 시나리오를 과장하기 위해 괴산의 우라늄 광산 지하 깊숙한 곳에 비밀 핵개발 시설을 상정한다. 북대전 나들목 전면에 소재하는 한국원자력연구원의 어느 건물 내 비밀핵개발 지하실에는 저자 본인이 안내받아 들어가 보는 장면도 묘사돼 있다.

소립자 물리학자인 이휘소를 박정희 시대의 핵개발과 연관 지은 것은 공석하(1941~2011)였다. 그는 1989년에 출판한 《핵물리학자 이휘소》라는 소설에서 이휘소를 애국심에 미국에서 핵비밀을 밀수해 온 재미과학자로 둔갑시켰다. 유언비어를 넘어 괴담 수준의 허구를 소설로 팔아 보자는 속셈이렷다! 이후 이휘소 유족의 반발로 다시는 출판하지 않겠다는 약속을 하였으나, 김진명이 《무궁화 꽃이 피었습니다》를 내자 1993년 약속을 깨고 《소설 이휘소》를 출판하였다. 이후 2010년에는 《로스트 이휘소》를 출판하였다. 이러한 책들을 읽고 그 내용이 진실이라 믿는 사람들이 있는데,

픽션은 픽션일 뿐으로 흥행을 위해 만들어진 소설을 심각하게 받아들이는 것은 잘못된 사회적 문제이다.

5.2 반(反)문화(Counter-culture), 또는 반핵문화?

헤겔 철학에서는 정-반-합을 인간 역사의 전개 과정으로 보았으니, 재래문화에 대한 반문화는 어느 시대에나 있을 수 있다. 그 분석의 틀을 우리가 관심을 가진 현대 원자력의 역사로 한정해 보면 의미 있는 결론이 나올 수도 있지 않을까 한다. 앞서 본 원자력에 대한 두 문화를 과거 전통 사회의 기술과 인문간의 문화적 갈등으로 본다면, 반문화는 과거의 낡은 재래식 문화 전통에서 탈피하고자 하는 새로운 문화적 시각에서 봐야 할 것이다. 한마디로 기존 질서의 탈피와 같은 것. 현대사에서 반문화운동을 인용하자면 미국 서부의 히피문화, 프랑스의 68학생혁명, 독일의 녹색당 등 기존 권력과 질서에 대한 저항운동이 점차 반핵운동으로 진화되어 왔음을 볼 수 있다.[67]

선진국의 사회문화적 진화는 반세기 동안 압축 성장을 겪은 우리나라의 경우에 더욱 뚜렷이 나타난다. 해방 후의 우리 사회의 문화적 진화는 반문

---

67 포스트모더니즘에서는 반문화의 관점에서 전통적인 코드화/영토화에서 탈주하는 탈코드화/탈영토화 개념에 비유할 수 있겠다.

화의 특징을 보여 왔다.

재래문화	반문화
수직적 (독재)	수평적 (민주)
강자	약자
남성성	여성성
이성적	감성적
인공	자연

문화를 특정 사고방식의 고착화(mindset)라는 좁은 맥락에서 보면 원자력에 대한 원자력계와 일반 대중들의 이미지를 설명하는 데 도움이 되지 않을까 생각해 본다. 원자력이라는 과학기술의 태생적 이미지와 후속 역사적 성장과정(원자탄→원자로)을 통해 대중의 뇌리에 형성된 이미지 같은 거 말이다. 미국의 저술가 위어트Spencer R. Weart는 《핵의 두려움(Nuclear Fear)》이라는 책에서 바로 이 점을 지적하고 있다.[68]

---

68 Spencer R. Weart, "Nuclear Fear – A History of Images", Havard University Press(1988). 《원자력 딜레마》와 《원자력 트릴레마》를 쓴 김명자 저자도 이 책을 읽고 원자력 문제에 관심을 가지기 시작했다고 한다.

5.3 디지털 문화 시대

1959년 스노우의 '두 문화 강연'의 메아리는 그 후 수십 년간 논란의 토픽이 되어왔다. 그러는 동안 60년대에는 기성세대의 체제에 대항하는 반문화가 나타났다 사라졌고, 90년대에는 냉전이 끝나고 글로벌 시대가 왔다. 발전한 컴퓨터 기술은 인간의 생활을 혁신하기 시작했다. 새천년에 들어서는 태어나면서부터 디지털 도구에 친숙한 밀레니얼세대가 등장하여 20여 년이 경과하자 점점 포스트 휴머니즘(post-humanism) 시대로 접어들고 있다. 우리들 할배 세대들에게는 '참 오래도 살았다'고 감탄할 정도로 많은 변화를 겪은 60년 세월이다. 요즘은 100세가 되어도 뉴스거리가 되지 못하니, 칠순의 우리 할배들도 '내 나이가 어때서?'라고 사회에 끼어드는 시대이지 않는가? 옛날처럼 어른 대접 받고 죽는 날을 기다리는 시대는 아닌 것 같다. 후배 세대들과 적극적으로 소통하며 살아가야 하는 나이이다.

세상은 많이 변했지만, 남북 분단의 우리 한반도에서 그 세월을 살아온 우리 할배들은 두 문화, 또는 반문화도 아닌 제3의 어떤 문화를 겪는 느낌이다. 미국에서는 90년대 들어 인문과 과학이 융합(또는 진화)하는 제3의 문화에 대하여 논의가 있었다.[69] 어쩌면 우리 사회는 미국보다는 한 박자

---

69 John Brockman, "The Third Culture: Beyond Scientific Revolution", Simon&Scuster(1995)

느린 제3의 문화 시대에 들어섰는지도 모른다.[70] 우리나라의 유교 문화 전통이 바탕에 깔리긴 했지만 급격한 경제주의, 뒤이어 나타난 기술주의 가치관으로 이질적인 가치관들이 혼재하는 상황이랄까? 거기에다 우리나라는 아직도 분단 상황이라는 특수한 현실의 여건 아래 놓여 있다. 이러한 혼란은 과거 여러 세대를 겪은 우리 할배들에겐 그만큼 더 크다. 젊은 세대들은 옛날 얘기를 들었을지언정 경험하지는 못했다. 그러니 공감에는 한계가 있다. 역지사지로 우리 할배들은 요즘 신세대들이 겪는 디지털 문화와 삶의 방식을 공감하기엔 한계가 있다. 그러니 원자력에 대한 의견도 시각의 차이가 나는 건 당연한 것일 수도 있다. 그래서 제3의 문화의 본질적인 의미를 되새겨볼 필요가 있다. 즉, 우리들이 살아온 시대를 냉철히 재조명해 보는 자세가 필요한 것이다.

근래 디지털 통신 기술의 혁신적인 발달로 감정의 표현 방법이 보편화된 것 같다. 그래서인지 넘치는 정보로 냉철한 판단력은 오히려 무디어지지 않았나 하는 느낌이 든다. 예컨대 필자는 후쿠시마 원전 사고에 대한 우리나라의 서적 판매의 인터넷 반응을 보고 흥미 있는 양상을 깨달았다.

인터넷에서 발견된 자료를 보니 대전의 신일여고에서 학생들이 교양 독서 활동으로 선별한 22권의 원자력 관련 도서 중에서 반응 댓글이 가장 많

---

70 새로운 문화로 기성세대와의 문화적 단절세대를 Third Culture Kid라고도 한다.

이 달린 책은 오오타 야스스케 사진작가의 책 두 권이었다.[71] 22권 중 20권은 체르노빌이나 후쿠시마 원전 사고 등을 주제로 하는 반핵도서였으며, 주로 번역서들이었다. 이러한 사회문화적 현상에 대해서는 생각해 볼 필요가 있다. 대부분의 여고생들이 원자력 기술에 대해 무슨 관심이 있을까?

2019년 인터넷 왓챠Watcha에서 방영된 5부작 미니시리즈 '체르노빌Chernobyl'이 국내에 소개되었다. 당시 구소련 공산체제하의 원전기술자와 권력층간의 구조적 모순이 어떻게 초대형 재앙으로 확대되어 결국 구소련 체제의 붕괴로 이어지는지가 실감나게 그려져 있다. 이 영화는 미국에서 제작되었지만 마치 러시아의 작품인 듯 착각할 정도로 실감나게 만들어진 수작으로 최근 골든 글로브상 등을 수상하며 극찬을 받았다.[72]

---

71 오오타 야스스케, 《후쿠시마에 남겨진 동물들》(2013), 《후쿠시마의 고양이》(2016), 책공장 더불어

72 또한 국내에서도 최고의 스타강사라는 조승연 씨가 특별한 관심으로 이 작품을 평하여 국내 찬반핵 논란에 대한 신세대 지성인의 평가를 엿볼 수 있는 주목할 만한 동영상 참조. https://www.youtube.com/watch?v=XnzRcv0gitQ

2002년 월드컵 한일 공동개최를 기념하여 KAERI/JAERI 원자력연구소 한일 축구팀의 친선경기가 대덕연구단지 종합운동장에서 개최, 한일관계는 그래도 이어진다.

2017 정부의 탈원전 정책선언. 문재인 정부는 고리1호기 영구정지 선포에 이어 일련의 에너지전환정책을 선언하고 신재생에너지를 막무가내로 추진 중. 과연 누구를 위한 탈핵인가?

2019년 한수원의 APR1400 이 외국 원전으로는 최초로 미국 원자력규제위원회(USNRC)의 설계인증(Design Certification)을 받았다. 이는 한국 원전의 안전성에 대한 보증서로 해외 수출의 전망이 밝아졌다.

제Ⅲ부

원자력 60년
다시 보기

2019년 세계 최초 제3세대 원전 APR1400 원자로 신고리3·4호기가 새울원자력본부에서 가동 중이다. UAE Barakah 원전의 참조발전소로 해외 수출 주력로형이다.

1 원자력 초보 상식

원자력은 고도의 과학기술의 총체적인 집약으로 구현되므로 우리나라의 원자력 역사는 과학기술의 진화와 맥을 같이하여 왔다. 다만, 과학기술 일반과 구별되는 원자력 기술의 몇 가지 특성으로 인하여 일반인들은 물론 과학기술계 내에서도 원자력은 차별하는 경향이 있다.

1.1 우라늄이 뭐길래?

원자력의 원료물질이 우라늄이라는 상식은 대다수의 현대인이 알고 있다. 그러나 거기까지다. 채광된 우라늄이 어떻게 핵연료로 가공되는지, 원자로에서 어떻게 에너지가 방출되는지부터는 핵물리학적인 설명이 필요하며 쉽게 이해되지 않아서 고개를 돌린다.

연쇄반응

우라늄 원자는 자연에 존재하는 원소 중에 덩치가 제일 큰 관계로 그 핵이 원자로 내에서 날아다니는 입자(중성자)에 맞을 확률이 높다. 중성자에 맞으면 원자는 두 쪽으로 동강나고 핵 속에 있던 중성자가 더 많이 튀어나와 다른 우라늄 원자들을 때리는 연쇄반응(chain reaction)을 일으킨다. 원자핵의 연쇄반응에서 질량 결손으로 발생하는 에너지($E=mc^2$)는 원자 주변 전자의 위치 변화로 인해 발생하는 화학적 에너지와는 비교가 안 되는 엄청난 양이다. 그래서 원자탄이나 원자로와 같은 대규모 에너지원이 되는 것이다. 원자탄은 순식간에 가능한 에너지 폭발을 크게 한 것이고 원자로는 그 반대로 가능한 에너지 방출을 천천히 지속되도록 설계한 '장치'인 것이다. 이 원리를 이용해 미국의 맨해튼 프로젝트에서는 원자탄을 만들어 태평양전쟁을 마무리하는 데 사용했고, 원자력의 평화적 이용을 목적으로 개발한 원자로에서는 전기를 생산하는 원자력발전소가 만들어졌다. 이게 바로 50년대 시슬러 박사가 이승만 대통령에게 에너지 박스 모형으로 설명했던 '아토믹 머신'이다.

우라늄이 위험하다고?

흔히 원자력과 관련하여 우라늄이란 말을 듣다 보니 자칫 우라늄이 강한 방사선을 내뿜는 위험 물질이라고 상상하기 쉽다. 하지만 전혀 아니다. 우라늄은 핵분열 가능성을 가진 원소이긴 하지만, 핵분열이 되기 전에는 여타 무거운 광물질과 특성상 큰 차이가 없다.

원자력에는 우라늄만 쓸 수 있는 것은 아니다. 핵분열을 할 수 있는 원소는 우라늄 외에도 토륨이라는 천연 원소도 있다(사실 지구상에 토륨 원료는 우라늄보다도 엄청 더 많다). 뿐만 아니라 원자로에서 우라늄 동위원소(U-238)가 중성자를 하나 잡아먹으면 플루토늄 동위원소(Pu-239)가

되는데, 이 원소는 우라늄(U-235)보다도 더 효율적인 핵분열 특성을 갖는다. 그래서 사용후핵연료 속에 잔존하는 플루토늄 동위원소(Pu-239)를 빼내어 핵무기나 핵연료로 사용하려는 기술이 재처리(reprocessing)이다.

중수(heavy water)에 얽힌 사연

원자력에 관심 있는 독자라면 핵분열 연쇄반응을 위한 원자로 중에는 경수로 외에도 중수로와 기체 냉각로 등 여러 종류가 있다는 사실을 알 것이다. 전 세계적으로는 여러 종류의 원자로가 개발됐지만 우리나라에는 경수로와 중수로만 도입되었다.[73] 중수로는 캐나다에서 개발된 노형이다. 그 배경에는 '출생의 비밀'에 해당되는 태동기의 다음과 같은 흥미진진한 옛이야기가 있다.

---

73 경수로는 증기 생산법에 따라 가압경수로(PWR)와 비등경수로(BWR)가 있는데 우리나라에는 PWR만이 도입되었다. 참고로 일본과 대만에는 두 가지(PWR과 BWR)형이 모두 있으며, 후쿠시마 사고 원전은 BWR형이다.

나치에 한발 앞서 중수를 쟁탈했던 특공대 작전 이야기

때는 나치가 유럽을 침공하던 1939년으로 거슬러 올라간다. 이 시기는 유럽에서 원자핵의 발견과 핵분열 현상으로 노벨상이 들썩이던 과학의 절정기였다. 프랑스에서는 졸리오 퀴리(Joliot-Curie)가 이미 우라늄을 원료로 원자로와 원자탄을 만들 수 있다는 특허를 등록한 상황이었다(1939년 5월). 그는 독일에서 온 할반(Halban), 코왈스키(Kowalski) 등과 천연우라늄 연료로 핵분열 실험을 하기 위한 준비 단계에 있었다. 천연우라늄은 U-235 농축도가 낮아(0.71%) 중성자 감속에는 중수가 필요했다.

그 당시 지구상에는 중수가 노르웨이의 수력발전소(Norsk Hydro)에 존재하는 167리터(185㎏)뿐이었다. 1934년 건설된 이 수력발전소에서는 비료생산의 부산물로 연 12톤의 중수가 생산되었다. 중수는 생산이 더디고 시간이 많이 걸려서 지금도 위스키 값과 맞먹는다고 한다. 당시에는 세계 유일의 중수 생산량이었기 때문에 천금같이 소중한 이 중수를 탈취하기 위한 비상작전에 돌입했다. 1940년 4월 9일, 프랑스 정보부는 당시 중립국이었던 노르웨이에 비밀리에 들어가 중수공장 관리자의 협조로 중수 전량을 빼내었다. 이 작전이 쉽게 성공한 것은 시설 투자의 대주주가 프랑스였기에 가능했다고 한다. 이렇게 확보한 중수는 파리에서 졸리오퀴리 연구팀이 사용하려 했으나 머지않아 나치군이 쳐들어오는 통에 싸들고 대서양을 건너 영국으로 피난을 가서 처칠의 지원 하에 영국의 연구팀과 협력하게 된다.

영국은 핵무기 개발을 위한 MAUD 위원회를 조직하여 추진하였다.[74]

그 후 나치에 침공당한 노르웨이에서는 레지스탕스 활동이 전개되고, 영국의 처칠은 나치가 중수를 확보할 경우 먼저 핵분열 실험을 해서 원자탄을 만들 가능성을 우려하여, Norsk Hydro 수력발전소를 폭파하기로 한다. 1942년 11월 영국특공대는 노르웨이 레지스탕스와 협력하에 폭파를 시도했으나 실패하고, 1943년 2월 재차 공격을 감행하여 폭파에 성공하였다. 이 공격에 영국특공대의 훈련을 받은 노르웨이 레지스탕스 로넨버그 (Joachim Ronnenberg)의 영웅담이 영화로도 제작되어 잘 알려져 있다 (그는 2018년 10월 99세를 일기로 작고하였다).

중수확보 문제가 극적이었던 반면, 우라늄광 확보는 별 문제가 없었다. 아프리카 대륙에서는 우라늄광이 쉽게 발견되었으며, 벨기에령 콩고를 통해 우라늄광을 용이하게 구득하였다.

원자핵의 분열이야말로 20세기에 인간이 이룩한 마법의 기술이다. 원자 속 핵이라는 것 자체도 몰랐던 인간의 과학지식이 20세기 들어 원자로부

---

[74] MAUD는 닐스 보어가 붙여준 비밀명으로 동 위원회는 전시 처칠 정부가 핵분열 연쇄반응의 타당성을 분석하기 위한 전문 조직이었다.

터 투사되는 천연적인 방사선 현상을 관찰하면서 원자핵 물리학을 개척한 것이다. 핵분열 발견의 배경에는 유럽의 여러 과학자들의 이론과 실험을 바탕으로 하는 활발한 연구와 협력이 있었다(그러나 미국이 맨해튼 프로젝트를 시작한 후 모든 관련 정보는 비밀로 관리되었다).[75]

나치와 핵물리학자들

핵분열이 파악된 시기는 히틀러의 나치당이 정권을 잡고 유럽을 침탈하던 때와 맞물린다. 나치의 유태인 학대를 피해 미국으로 피난한 헝가리 과학자들 중에 질라드Leo Szilard가 있었는데 그는 미국에 있는 유태인 과학자들을 설득하여 루즈벨트 대통령에게 원자탄 개발 사업을 촉구하였다. 1939년 2월, 아인슈타인 명의로 된 편지에서 미국이 원자탄 개발에 서두르지 않으면 나치가 먼저 이 가공할 무기를 만들어 연합군을 공격할 것이라고 경고했다. 당시 독일의 나치 정권하에서 저명한 핵물리학자는 하이젠버그Heisenberg였다. 그는 카이저 빌헬름Kaiser Wilhelm 연구소에서 핵분열 연쇄반응 연구를 시도했으나, 일부 과학자들의 도피와 실험 재료의 미비 등 여건 부족으로 실패로 끝났다.[76]

---

75 소련은 핵물리 정보가 차단된 사실로부터 미국의 비밀정보관리 징후를 포착했다고 한다. 그러나 나치와의 필살의 전황에서 미국과 같은 대규모 연구는 불가능했다는 것이다.

76 하이젠버그의 나치정권 협력과 원자탄 개발시도에 관해서는 사실관계에 대한 논란이 있다.

제3의 불 댕기다

현대사의 전설이 되어 버린 맨해튼 프로젝트의 첫발은 페르미Enrico Fermi, 1901-1954가 내디뎠다. 1942년 12월 2일 시카고 대학의 미식축구장 구석의 스쿼시 구장에 CP-1(Chicago Pile)이라는 기초 연구 원자로 시험 장치를 만들어 가동하면서이다. 페르미는 이 첫 원자로의 성공적인 가동을 알리기 위해 다음과 같은 역사적으로 유명해진 암호를 교환했다고 한다.

"이탈리안 항해사 (페르미)가 신세계에 도착(원자로 가동에 성공)했다."
"주민들은 어떤가?"
"매우 호의적이다."

페르미는 이탈리아의 천재적인 물리학자로 25세에 로마대학 물리학 교수가 되었다. 유태인인 그는 중성자에 의한 인공방사능 연구로 1939년 노벨상을 받고 곧바로 미국으로 탈출하여 맨해튼 프로젝트의 핵심적인 역할을 했다. 그는 이론과 실험에 두루 능통한 물리학자로 명망이 높았으며, 그를 기념하는 세계적인 페르미 국립가속기연구소(Fermilab)가 시카고 인근에 건설되어 운영되고 있다(이휘소 박사도 이 연구소에서 근무했다).

페르미의 CP-1은 천연우라늄 연료의 핵분열 중성자를 흑연으로 감속한 원자로로 나중에 영국과 프랑스 등 핵개발에도 사용된 노형이다. 구소련에서는 기체냉각 흑연감속(RBMK) 노형개발에도 참고하였고, 북한이 영변에서 플루토늄 생산에 사용한 노형도 영국의 동형 마그녹스(Magnox)로 잘 알려져 있다.

앞서 언급한 프랑스와 영국의 중수감속 천연우라늄 노형은 전후 우라늄 농축이 불가능하던 시절 중수 생산이 용이한 캐나다에서 상용화되어 캔두(CANDU)형 중수로가 되었다. 이 중수로는 우리나라를 비롯한 아르헨티나, 루마니아 등에서 도입하여 사용되고 있다. 중수로형의 특징은 천연우라늄 연료 사용으로 원자로 부피가 상대적으로 크고 사용후핵연료의 발생량도 그만큼 많다는 점이다.

원자력 개발 초기에는 농축기술을 미국이 독점하였고, 농축시설 투자비는 막대한 부담이어서 천연우라늄을 연료로 사용하고 흑연이나 중수로 감속하는 노형이 널리 퍼졌다. 이들 천연우라늄 노형은 출력밀도가 낮아서 시설의 부피에 비해 전력 생산 효율이 낮은 단점이 있다. 그러나 1953년 원자력의 평화적 이용선언 후, 우라늄 농축 기술이 확산되고 원전의 전력 생산 경제성이 중요하게 되면서 '콤팩트'한 원전 개발이 상용화의 관심으로 부상하였다. 때마침, 미국 해군이 핵잠수함용으로 개발한 가압경수로(PWR)를 웨스팅하우스가 민수용으로 개조하면서 1957년 실증로(Shippingport)를 선보이고 미국시장에서 보급되기 시작하였다. 그 후

PWR은 세계 시장에 가장 널리 보급되었고, 프랑스와 우리나라에서는 표준형 국산화의 성공 사례로 잘 알려져 있다. 한편 냉전시절 소련에서도 우라늄 농축 기술이 개발됨에 따라 가압경수로(WWER) 원전이 개발되고 기체냉각 흑연감속로(RBMK)를 대체하기 시작했다.

1.2 방사능 - 피폭과 오염 문제

원자로에서 중성자에 의해 연쇄적인 핵분열이 일어나면 그로부터 발생하는 수많은 핵종들은 다양한 특성을 띠게 된다. 그 대표적인 특성 중의 하나가 방사성 붕괴(radioactive decay)로서 이로부터 방사선(알파, 베타, 감마)이 방출된다. 이러한 붕괴로 일정 기간 후 자신의 방사능이 반으로 줄어드는 기간을 반감기(half-life)라 부른다. 이 반감기는 각 원소 고유의 특성으로서 매우 짧은(수 시간) 것부터 굉장히 긴(수십만 년) 것까지 다양하다. 방사성 붕괴로부터 발생하는 방사선은 인체와 환경에 위해를 끼칠 수 있기 때문에 이를 방호하는 대책이 방사선 안전의 기본이다.

원자력 기술이 개발되기 전에는 이 세상에는 자연 방사성물질밖에 없었다. 자연 방사성물질은 지구를 포함한 우주에 존재하는 모든 물질의 구성 원자 중에서 핵의 불안정으로 인해 방사선을 방출하는 원소들로부터 기인한다. 원자에 대한 연구를 위해 우라늄 원광에서 방사성 라듐을 선별하여 농축하면서 천연 방사선을 많이 맞은 퀴리 부인의 일화는 잘 알려져 있다. 또한 국내에서 사회적 소동을 일으킨 라돈 침대도 인공 방사선이 아닌 천연 방사선이다. 일반인들이 받는 방사선은 천연 방사선이 인공 방사선의 경우보다 훨씬 많다. 고로 방사선 안전 방호는 원전으로 인한 인공 방사선만의 문제는 아니며 자연이건 인공이건 공통적인 안전사항이다.

경제가 발전하면서 전력 공급을 위한 원전은 물론, 방사성 동위원소와 방사선의 이용이 증대된다. 특히 경제의 압축성장으로 원자력 이용이 급증한 우리나라는 원자력 이용으로 인한 편익과 위험에 대한 논쟁이 가중되고 있는 추세다. 과거 60년간의 첫 수십 년은 일반 국민들에게 원자력은 책에서나 읽는 지식 정도로 간주됐다. 정부 주도로 선진국의 기술을 도입하고 기업 활동으로 경제생활의 수준이 향상되는 것만도 감지덕지했다. 늘어만 가는 소비전력을 외국에서 수입해야 하는 화석연료가 아닌 '두뇌 에너지' 격인 원자력에서 공급받는다는 사실에 자부심도 느꼈다. 더구나 2009년에는 기술 자립의 성과로 UAE에 국산 원자로까지 수출했으니 자부심이 특별했다. 이게 모두 원자력 안전 기술을 마스터한 우리나라 원자력계의 성과가 아니겠는가….

대중들의 눈에는 덜 띄지만 방사성물질을 관리하는 기술의 마스터는 원전보다는 오히려 후행 핵연료주기 분야이다. 다행인지 불행인지, 우리나라에서는 후행 핵연료주기 기술은 아직 연구개발 수준에 머물러 있다. 로보

틱스와 같은 원격 조작 기술로 많은 돈과 시간이 소요되는 분야로서 기술적 내용이 전문적 이어서 좀 더 자세히 다루기로 한다. 우리나라가 벤치마킹해야 하는 일본과 프랑스 같은 후행 핵연료주기의 선도국들은 많은 재정적, 시간적 부담을 안고 있다. 우리나라도 90년대까지는 이들 나라의 후행 핵연료주기 산업을 핵주권의 상징으로 보고 부러워했지만 원전 자체가 혐오시설로 취급받는 요즘은 재고해 볼 이슈가 되었다.

방사선 이용 분야에서는 의학 분야 방사성 동위원소 이용기술의 고도화로 암 치료 기술이 세계 최고 수준에 도달했다. 덕분에 선진국처럼 우리나라의 100세 시대 진입에 일조했고, 이제 의료기술 수출에도 일조하고 있다.

천연이든 인공이든 방사선원은 방사선을 발생하므로 인체 보호를 위해서는 적절한 방호 조치를 해야 한다. 그러나 선원의 피폭과 오염은 특성상 큰 차이가 있어 정확한 이해가 필요하다.

방사선 피폭

피폭량은 방사선에 노출된 선량으로서 피폭체의 단위 질량당 쪼인 방사선에너지의 양이다(보통 Sv 단위로 표시). 이 양의 크기는 선원의 세기, 피폭체와의 거리, 피폭 받는 시간의 세 가지 요소에 좌우된다.

방사선 피폭을 막기 위해서는 거리를 멀게 띄우거나, 불가피한 경우 차폐(shielding)체를 설치한다. 차폐벽을 설치하면 작업자와 선원 간에 물리적인 직접작업이 어려워지므로, 동작을 전달하는 원격 조작시스템(remote operation system)을 이용하게 된다.

우리나라 국민은 거주 지역에 따라 연간 1.5~4 mSv 정도의 천연 방사선 피폭을 받으며, 의료용 엑스선은 회당 0.05 mSv, CT 촬영은 회당 5mSv 정도의 피폭을 받는다.

방사성 오염

방사성을 띈 어떤 물질이 청정해야 할 곳에 존재하는 것을 방사성 오염(radioactive contamination)이라고 한다. 사고 등으로 청정구역이 오염되면 오염물질을 제거하는 제염(decontamination)이 요구된다. 미세한 방사선원(방사성 기체 등)이 인체에 도달하거나 체내에 흡입을 못하도록 밀봉하는 것을 격납(containment)이라고 한다. 반대로 오염된 구역에 들어가 작업을 할 필요가 있으면 작업자는 방호복(protective cloth)을 입고 들어간다. 이러한 특성은 화학물질이나 생물학적 오염의 경우도 유사하다. 물론 오염물질에 의한 방사선원의 차폐 필요성이 있으면 적절한 차폐도 함께 고려되어야 한다.

원자력 시설은 대상 방사선원에 따라 적절한 방사선 방호조치가 갖추어져야 허가가 난다. 문제는 예상치 않은 사고 등으로 방사성 오염물질이 통제구역 밖으로 누출되는 경우이다. 오염된 구역은 필요에 따라 소개하거나 사람을 별도의 구역으로 격리하여 제염작업을 한다. 제염된 오염물질은 모아서 적절한 처리를 거쳐 폐기물로 처분한다.

원자력 시설과 방사성폐기물 관리에서 가장 문제시되는 이슈는 방사성 오염이다. 방사성 오염물질은 잘 보이지도 않고, 공기나 물 등을 통해 확산되기 쉽기 때문이다. 확산된 오염물질은 방사선원이 되므로 제거해야 한다. 그러나 검출이 쉽지 않고 특성에 따라 제거도 쉽지 않은 경우가 있다. 계속적인 기술 개발로 언젠가 효과적인 제염방법이 개발되어 널리 사용될 날을 기대해 본다.

1.3 원자력에도 로봇 기술이?

앞서 얘기한 바와 같이 원자력의 골칫거리는 방사선이다. 원자력 시설에서 방사선만 제거할 수 있다면 일반 산업시설에서처럼 일할 수 있고, 반핵운동의 공격도 방향을 잃을 것이다(물론 핵무기의 파괴력은 또 다른 얘기다). 또한 방사성폐기물의 위험성 이미지도 떨쳐 버려 일반폐기물과 같은 수준의 '대접'을 받을 수 있을 것이다. 그래서 인간이 방사선의 위험을 피할 수 있는 방법을 택한다. 위험한 방사선을 기술적으로 없앨 수 없다면 피하는 기술을 방사선 방호(radiation protection)라고 한다. 방호가 불충분하여 방사선이 신체 내외에 도달하는 것을 피폭(exposure)라고 한다. 화살같이 날아오는 방사선이 인체에 도달하지 못하게 방패같이 막아주는 조치이다. 그래서 방사선의 인체피폭 위험이 있는 모든 원자력 시설에는 방사선 방호 설비를 갖추고 있다.

원격조작

원격조작기술의 개발은 미국에서 맨해튼 프로젝트 시절로 거슬러 올라간다. 첫 핵분열 실험이 이루어진 시카고파일(Chicago Pile)에서 중성자로 조사(irradiation)된 우라늄 연료에는 다량의 핵분열생성물(fission products)이 들어 있다. 다양한 핵분열생성 동위원소들은 다양한 특성의 방사선을 방출하여 인체에 직접 투사되는 경우 심각한 위험을 유발할 수 있으므로 적절한 차폐와 격리를 해야 한다. 그런데 격리나 차폐된 대상은 외부작업자가 물리적 작업을 가할 수 없으므로 분리벽을 통과하여 힘을 전달하는 원격조작 방법을 필요로 한다. 이는 마치 대장간에서 뜨거운 강재를 열처리하기 위해 내화복을 입고 장대 같은 도구를 사용하는 원시적 기술을 좀 더 체계화한 반자동식 설비로 볼 수 있다.

이 기술은 방사선 시설의 운영에 필수적인 요소이다. 그러나 기계나 전자 분야에서는 매우 전문화된 기술이었기에 원자력 분야에서 차별화된 부분으로 여겨져 온 특징이 있다. 미국 원자력학회에는 원격조작기술을 다루는 전문 분과가 활동하고 있다.

원격조작기술은 방사선 차폐시설의 운영과 직결되므로 시설 안전과 긴밀히 연관된다. 특히 원자력 시설의 사후처리를 포함한 원전 사고 등에 대한 첨단 로봇 기술 응용과의 연관성은 일반인의 많은 호기심의 대상이 되기도 한다. 실제로 원자력 분야에서 개발된 원격 조작 기술은 컴퓨터 기술이 활용되기 시작한 이후 큰 발전을 보여 온 정보통신(ICT) 기술의 응용과 로보틱스 기술의 발전에 밑거름 역할을 하였다. 원자력 원격조작기술은 심층 해양이나 우주 분야 등 타 분야에서도 필요한 극한작업 기술응용으로 확산되어 갔다.

우리나라 원자력 기술 개발에서 원격 조작 기술 개발이 시작된 것은 1980년대 초 한국원자력연구소 대덕공학센터 후행 핵연료주기 부서에서 기계식 원격조작기 한 쌍을 수입해 오면서였다. 그 전에도 서울 공릉동의 TRIGA Mark-II 원자로의 방사성 동위원소 생산시설과 원자력병원 등에 기계식 원격조작기가 있었으나, 시설의 일부로 사용되는 것이 목적이지 원격조작기술 개발은 목적은 아니었다.

원전 사고와 로봇공학?

요즘 미래 세상의 화두가 되고 있는 4차 산업혁명과 더불어 로봇은 담론의 도마 위에 올라있다. 인공지능이니 빅 데이터니 하는 소프트웨어 기술혁신에 로봇과 같은 하드웨어는 몸을 가진 인간과 닮은 형상을 가지는 파트너 역할로 상대해야 할 것이기 때문이다. 디지털 기술이 완숙해지면 가상현실로 그려낸 형체가 실물과 구분 안 될 정도로 실감나게 만들어져 어느 것이 로봇이고 어느 것이 진짜 사람인지 구분이 안 되는 수준까지 갈 것이다. 지능이나 심지어는 감성에서도 인간과 구분이 안 되는 포스트 휴머니즘(post-humanism) 시대가 도래할 것이라니 로봇 기술이 어디까지 진화할지는 알 수 없다.

이렇게 로봇과 같은 미래 기술에 대한 기대가 넘치고 있는데, 눈앞에 벌어진 비극의 현장 후쿠시마 원전의 사고수습에는 로봇의 활약이 얼마나 활발할까? 더구나 일본은 로봇의 선두국가가 아닌가? 아시아 최대 개수의 노벨상 수상국이라는 일본의 첨단 과학기술자들은 일본의 체면을 찌그러트려 버린 후쿠시마 사고를 보기 싫어서라도 냉큼 첨단 로봇을 만들어 밤낮 제염해체 작업을 시켰으면 얼마나 속이 시원하겠는가? 일반인들은 이런 생각을 할 수도 있겠으나, 현실과 이상 간에는 항상 보이지 않는 차이가 있음을 간과해서는 안 된다.

체르노빌 사고 현장

필자는 원자력 분야 로봇 기술 응용 분야에서 수십 년 종사해온 전문가 입장에서 후쿠시마 사고 현장에서의 로봇의 활약을 얘기하기에 앞서, 1986년 발생한 체르노빌 사고 현장에서의 로봇 기술 응용에 대해 먼저 언급하고자 한다. 이 문제에 대해서는 2001년 미국 시애틀에서 개최된 미국 원자력학회(ANS) 원격기술 분과(제11분과)에서 토론했던 주제가 흥미 있는 참고가 될 수 있겠다. 그 무렵은 체르노빌 사고가 난 지 15년의 세월이 흘렀던 무렵이어서 위에 얘기한 일본의 경우처럼 세계 원자력계의 원격 기술 전문가들은 체르노빌 사고 현장을 속수무책으로 쳐다봐야 했던 '무기력'을 한탄했다. 영화에서처럼 인간 이상으로 성능이 뛰어난 로봇을 체르노빌 사고 원전의 용융노심을 덮어버린 콘크리트 무덤(sarcophagus)에 접근시켜 건물을 철거하듯이 뜯어내고 속 시원하게 청소하면 좋겠다는 얘기들이 나왔다. 그럼에도 그 후 체르노빌 사고 원전에 누군가 개발한 로봇이 투입되어 신통한 작업을 한 일은 없다. 유럽연합에서 수십억 유로를 들여 사고 원전을 덮는 가림막으로 거대한 돔(dome)을 설치하였다. 돔으로 덮어 놓은 다음 장기간 그 속에 있는 사고 오염물을 제거해 나가겠다는 계획이다.

이 철제 돔 덕분에 주변 환경의 방사능은 현격히 줄어들어 최근에는 방호복 필요 없이 관광객들이 모여들기 시작했다고 외신이 전한다. 한반도의 휴전선처럼 장기간 인간의 접근금지로 자연이 보존됐는데, 돈벌이라고 관광객들이 몰리기 시작하면 자연훼손을 하는 역설은 아닌지?

후쿠시마 사고 현장 수습

후쿠시마는 원자로형이나 사고 유형이 체르노빌과 달라서 제염해체 방법도 달라야겠지만, 사고의 맥락이나 시대적으로도 차이가 있어 분명 로봇의 응용 방법에서도 차이가 있는 게 당연하다. 그럼에도 노심용융으로 원자로 주변이 온통 고방사성 물질로 오염되어 있어 인간 작업자는 말할 것도 없고 로봇마저도 접근이 쉽지 않다. 접근을 하더라도 카메라 관찰 이상의 원하는 물리적 작업(예를 들어 뭘 집어오거나 잘라내기 등)을 할 정도의 로봇은 아직 요원한 실정이다. 그래도 일본은 우크라이나에 비해 자금과 기술이 강력한 덕분에 여러 번에 걸쳐 현장투입 로봇을 개발하여 시험했고 심지어는 관련하여 국제 로봇대회도 개최하여 국내 팀이 수상도 했다는 보도가 있었다. 최근에는 처음으로 일본의 미쓰비시가 개발한 가느다란 뱀 모양의 로봇 팔을 노심내부에 들여보내 핵연료 용융 시료를 채취해 꺼내왔다고 한다. 최근 일본 당국은 '후쿠시마 로봇 시험장'을 개장한다고 공고했다.[77]

4차 산업혁명으로 원자력 로봇 혁신?

향후 로봇 기술이 점점 좋아지면 체르노빌이나 후쿠시마와 같은 사고 원전에 투입될 수 있는 응용성이 좋은 로봇들이 개발될 것이다. 어쩌면 할리

---

77 재난대응 로봇이나 드론 등 기술 개발을 위한 테스트 베드로 계획되었다고 한다.

우드 영화에서처럼 방사선에도 끄떡없이 밤낮 쉬지 않고 제염 해체 작업을 하는 로봇 부대가 등장해 원전 사고도 겁을 내지 않는 때가 올 것이다.

일본에서 후쿠시마 원전보다도 로봇이 더 시급히 필요한 곳은 독거노인들 돌봄이 로봇들이다. 노령화가 가장 심각한 일본에서는 이미 수년 전부터 노인 돌봄이 로봇들을 보급하기 시작해서 수십만 인구에 활용되고 있다고 한다.

1.4 방사선 기술과 이용

요즘은 스마트폰을 비롯한 온갖 정보 검색을 통해 방사선이나 원자력 등에 대해 궁금한 게 있으면 즉시 알아볼 수 있는 세상이 되었다. 에너지 과학에 대한 책이나 동영상 등을 통해 좀 더 주의 깊게 관련 지식을 파악해 보면 X-선은 물론, 감마선과 같은 방사선도 모두 전자파 에너지의 일종임을 알게 된다. 휴대전화로부터 마이크로오븐에 이르기까지 전자기력을 이용하는 모든 전기·전자기기들은 전자파를 발생한다. 그 파동의 주파수특성의 차이로 물질과의 상호작용에 큰 차이가 날 수 있는 것이다. 실생활에서 방사선 피폭 효과는 방사선의 종류는 물론 피폭량과 피폭 방법에 따라 달라지므로 실제로 중요한 것은 인체에 대한 방사선 방호 방법이다.

20세기 초 방사선의 발견부터 현대의 스마트폰에 이르기까지 방사선에 대한 사회적 인식은 역사적으로 많이 진화되어 왔다.

우리 곁의 생활 방사선

우주 자체가 핵반응의 산물이기 때문에 이 세상은 온통 자연 방사선에 차 있다고 해도 과언이 아니다. 심지어는 우리 몸속에도 적지 않은 자연 방사성원소들이 들어 있다. 다만 인체의 건강에 얼마나 심각한 영향이 있는지를 잘 따져볼 필요가 있다.

사람이 일상생활에서 받는 방사선량은 생활환경이나 위치에 따라 차이가 있겠으나 우리나라 국민들의 생활 방사선 피폭원은 반 이상이 라돈가스이고 기타 의료용 방사선 등이다. 원자력 종사자들을 제외한 일반 국민들이 원자력 시설에서 받는 방사선은 거의 무시할 정도임을 알 수 있다.

생활 방사선의 주범: 라돈

2018년 국내 뉴스에서 큰 뉴스거리로 등장했던 '라돈 침대 사건'은 생활 방사선에 대한 과학적 지식 부족에서 비롯된 방사선에 대한 과잉 반응이었다.

라돈은 자연의 광물계에 폭넓게 분포되어 있어 어디에나 상존한다. 우리나라와 같이 아파트 주거공간이 밀집된 구조에서는 노출가능성이 상대적으로 높다. 라돈에서 방출되는 알파선은 투과력이 약해서 접근을 두려워할 필요는 없지만 인체 내 흡입 시는 폐에 영향을 미칠 수 있으니 유의할 일이다. 라돈은 유동성이 높아서 공기를 통해 인체 내에 흡입되지 않도록 하는 것이 중요하므로 환기를 잘하여 대기로 방출하는 것이 상책이다. 환기가 잘 되지 않는 지하실 등은 특히 주의가 요구된다. 라돈사건은 침대의 제조 재료로 사용한 모나자이트 광물에서 미량 발생하는 라돈으로부터 나오는 감마선을 강력한 것으로 인식함으로써 일어났다. 인체를 손상시키는 것으로 잘못 인식되어 공포가 증폭된 면이 많다.

핵실험과 원전 사고 방사능

역사적으로 따져 보면 최초로 원자력이 인류 사회에 원자탄으로 선을 보인 '원죄' 탓에 원자력의 평화적 이용을 위해 개발된 원자력 발전도 터진다는 이미지를 대중들의 뇌리 속에 심어주었다. 아닌 게 아니라 체르노빌이나 후쿠시마에서는 원자로심이 터졌고, 반핵운동가들은 이 위험을 원자탄에 비유하여 악마화하는 전략을 펼쳤다. 원자탄은 군사 비밀 속에 가려 눈에 안 보이는 반면, 냉각탑에서 증발하는 수증기는 흔히 눈에 보이는 실물로 원자탄의 버섯구름과 은근히 대비시킨 것이다.

① 핵실험 방사능 낙진 이야기

미국의 맨해튼 프로젝트를 시발로 핵무기를 개발하기 위해 핵보유국들이 시험한 핵무기는 수백 개에 이른다. 50~60년대에는 사막 등지에서 지상 핵실험을 했기 때문에 방사성 낙진이 사방으로 흩어졌다. 우리나라는

60년대 중국의 고비사막 핵실험으로 방사성 낙진이 왔다. 우리 할배들이 어렸을 적에 학교에서는 중공의 핵실험으로 인한 낙진피해를 막기 위해 우물과 항아리의 뚜껑을 덮으라고 경고하곤 했던 기억이 난다. 마침 동료 할배 한 분이 왕년에 국제프로그램으로 중공의 핵실험 방사성 낙진을 측정하러 백두산 인근에 다녀온 이야기가 있다.

중공 핵실험의 방사능낙진 샘플을 퍼오러 백두산에 갔던 이야기

핵보유국들이 핵개발을 위해 경쟁적으로 핵실험을 하던 시절의 이야기다. 중공은 1964년 고비사막에서 지상 핵실험을 하였다. 그래서 방사성 낙진이 중공은 물론, 한반도에도 날아왔다. 우리 정부에서는 방사성 낙진이 인체에 흡입되지 않도록 눈비를 맞지 말라고 경고하고 우물에는 뚜껑을 덮어 보호하도록 했다.

필자는 1980년 IAEA/RCA 사업으로 호주 원자력연구소(ANSTO)에 파견되어 환경동위원소(H-3, H-2, O-18)를 이용한 수문 순환 해석 연구를 한 바 있다. 귀국 시 지원받은 삼중수소(H-3) 측정기를 가지고 왔는데, 연구소의 금곡 시험 농장에 설치했다. 이 장치는 H-3 측정데이터를 IAEA와 ANSTO 등과 비교분석 결과, 오차 5% 이내로 동남아 표준 분석센터로 지정받았다.

국내 삼중수소 분포측정 사업으로 전국적인 데이터를 수집 중, 마침 중국 북경에서 IAEA의 관련 국제회의가 개최되어 참가하게 되었다. 1980년은 우리나라와 중공은 아직 국교가 수립되지 않은 상황이어서 중국입국 비자를 동경의 중공대사관에서 받아야 했던 시절이다. 이 대회의 첫 주는 북경 우라늄지질연구소에서 하고, 그 다음 주는 하남성 일대를 답사하는 일정이었다. 나는 좋은 기회가 왔다고 생각하고 열외로 빠져 백두산의 천지 물과 지하수를 채취하기로 작정하였다.

중공대표에게 백두산으로 안내를 부탁하니 그 지역은 조선족 자치구여서 중앙정부에서 손써 줄 방법이 없다는 답변이 왔다. 그렇다면 '불법' 모험을 해 보기로 작정하고 심양을 거쳐 연길로 가는 비행기를 탔다. 비행기는 중공군 쌍발기였다. 심양에 기착하니 심양행 승객들이 내리고 연길행 승객들이 타는데 그들이 쓰는 북한 사투리에 완전 쫄아 버렸다. 연길공항에 도착하여 관광안내소에서 백두산행 관광 차량서비스 신청을 하였다. 호텔에 투숙 해 창문으로 주변을 둘러보니 건물마다 걸려 있는 무슨 위원회 등 붉은 글씨의 플래카드가 6.25전란 중 서울 거리 분위기를 떠올리게 했다.

그 다음 날 아침 안내원과 운전사가 백두산 관광 안내를 한다고 찾아왔다. 안내원은 중국 교포였고 운전기사는 중국 여성이었는데 차는 일제 8인승 승합차였다. 연길에서 백두산까지 가는 길에 여러 군데 검문소가 있었는데, 검문소마다 내 여권을 회수하여 심사하는 곳이 족히 5~6곳은 되었다. 마침내 백두산 호텔에 도착하였는데 여관은 방과 방 사이를 천으로 칸막이를 할 정도로 허술하고 누추하였다. 백두산으로 가는 도중에는 옛날 우리

독립군이 항일전쟁을 하여 승리한 곳도 있으려니 위로를 하면서 창밖을 내다보니 멀리 하얀 눈에 덮인 산이 보였다.

 백두산 밑에 도착하니 6.25 때 봤던 중공군의 차량에 군복을 입은 운전사가 우리를 기다리고 있는 게 아닌가! 깜짝 놀라 이제 납치되는구나 싶어 겁이 났다. 안내양에게 물으니 문화혁명이 지나고, 등소평이 경제 부흥 정책을 이끌고 있어 군용기나 차도 외화벌이에 동원됐다고 하는 설명을 듣고 나서야 마음이 놓였다. 이 군용 지프차를 타고 백두산 9부 능선까지 올라가니 중국 측의 기상관측소가 있었다. 여기부터 도보로 정상까지 올라갔다. 올라가기 전에 안내양 보고 500 ㎖ 페트병 2개 구해달라고 부탁하니 뭐에 쓸 것이냐고 한다. 우리 민족은 백두산을 영산이라 하여 이 좋은 물을 떠 먹고 나머지는 기념으로 가져간다고 둘러댔다. 만약 삼중수소를 분석한다고 하면 대번 체포당할 것 같은 생각이 들었기 때문이다.

 드디어 백두산 천지의 물을 지표수 대신 채취하고, 용천수를 지하수로 채취하는 데 성공했다. 중공군 운전사와 차량으로 백두산 천지 물 시료를 채취했다는 것을 증명하자는 생각에 안내원보고 중공군 운전사 옆에 살짝 서서 기념사진을 찍게 하였다. 이 백두산 천지물의 시료와 용천수의 삼중수소 수치가 있으면 한반도 전체의 환경데이터 수집에 기여하겠구나 하는 생각에 흥분이 몰려왔다. 이제 돌이켜보니 젊은 시절의 이 짜릿한 모험도 39년 전의 추억이 되었다. 2018년, 문재인 대통령은 평양 방문 후 백두산 천지를 깜짝 방문했다.

방사선 이용 기술은 원자탄이나 원전과는 전혀 다른 성격의 중요한 '민생 기술'이다. 그만큼 사회생활과 밀접하기에 원자력 기술과는 다른 첨단 기술로 여기는 경우도 흔하게 볼 수 있다. 그만큼 방사선은 자연 방사선과 인공 방사선의 구분조차도 헷갈리기 때문에 찬·반핵의 논쟁거리가 되기도 한다.

방사선이 인간에게 해만 되는 것은 아니다. 방사선은 이미 오래전부터 다양한 분야에 이용되어 왔다. 20세기를 전후로 원자를 과학적으로 이해하고 핵물리학의 학문적인 연구를 하게 된 것도 라듐을 비롯한 각종 원소에서 방출되는 방사선을 이용한 것이었다. 화학이나 생물학 분야에서도 방사선을 방출하는 동위원소 추적자 등으로 주요한 기여를 한 사례가 많다.[78]

20세기 초 원자에 대한 과학적 연구가 본격적으로 시작되어 20세기 후반 원자력 발전 기술이 개발되기까지 반세기 간에는 원자력 기술의 주요 응용 방법이었다. 졸리오퀴리가 이미 1933년에 핵분열 반응을 활용한 원자로 개념을 특허로 등록하긴 하였으나 첫 실증 원자로는 1942년 페르미가 시카고 대학에 설치했던 '시카고 파일'이다.

---

78 알런 월터, 《마리 퀴리의 위대한 유산 – 방사선과 현대생활》, 김재희, 이병철, 박상현 공역, 미래의 창(2006)

우리나라는 과거 60년간 방사선 이용에 대한 꾸준한 연구와 응용을 지속해 온 국제적인 모범 사례국에 속한다. 원자력 발전 부문에 비해 비발전 부문의 사업 규모는 상대적으로 빈약했다.[79] 원자력 발전무문의 기술 자립을 성취한 2000년대 들어 정부와 원자력계는 비발전 부문을 활성화하기 위한 제반 정책적 조치를 취해왔다. 특히 현 정부는 탈핵 정책에 대한 원자력 산업계의 반발을 달래기 위해 원전 해체는 물론, 방사선 이용 분야에 대한 정책적 지원을 공언하고 나섰다. 방사선 기술을 이용한 국내 경제 규모는 2009년 9조 6,000억 원에서 2016년에는 17조 1,000억 원으로 성장했으나, 국내 총생산 대비 1.1%에 불과하다. 투자는 2016년 기준 800억 원 수준으로 발전 분야에 비하면 14%에 불과하다(미국은 80%, 일본은 54%).[80]

원자력연구소 창설과 동위원소연구

1959년 원자력연구소가 창설시 3개부(원자로부, 기초연구부, 방사성동위원소부) 중 동위원소부에 설립된 4개 과(課)는 아래와 같다.

생물학적·의학적 연구 및 응용
농학적 연구 및 응용

---

[79] 원자력 발전 부문은 세계 6강 수준인 데 비해 비발전 부문은 세계랭킹 23위로 평가하고 있다.

[80] 이데일리, "300조 방사선 산업 육성 '시동'… 원전공백 메운다" (2019.6.13.)

공학적 연구 및 응용
동위원소 저장·분배 및 관리와 폐기물처리

이중 가장 주도적인 분야는 생물학적·의학적 이용 분야로, 몇 년 후에는 방사선의학연구실이 신설되었다가 1963년 방사선의학연구소로 독립하였다. 이 연구소는 후에 암 전문 원자력병원으로 발전하였다.

이어서 1965년에는 생물학연구실이던 농학연구실로 독립하였고, 다음 해에는 방사선농학연구소로 독립하였다. 이 시절은 우리나라에 '보릿고개'를 겪던 배고픈 시대로 식량증산이 국가적 과제였다. 우리나라의 동위원소 이용은 1963년 트리가 마크-Ⅱ 연구로가 가동되면서 동위원소를 생산함으로써 본격화되었다.

원자력연구소가 개소하면서 미국에서 씨앗을 기증받아 P-3원소로 노후답 토양에 시험하였다. 또한 국비와 IAEA 도움으로 농학연구생이 해외에 파견되었다. 농학연구실은 동위원소 시험시설과 시험농장을 갖추어 1966년에는 농학연구소로 독립하였다. 이 기간에 20여 명이 해외훈련을 받았고, 200여 명이 전문교육을 받았다. 1969년에는 7.4 Bq(200Ci) 규모의 Co-60 감마조사시설이 농장에 설치되고 1971년에는 925 TBq(25,000Ci) 규모의 BNL 선상 방사선 조사 장치(Shipboard Irradiator)가 도입되어 방사선 조사시설로 사용되었다.

60년대는 전란에서 벗어난 우리나라가 군사정권하에서 '잘 살아보세' 운동을 펼치던 시절이었다.

원자력연구소에서는 당연히 국가의 식량안보에 보탬이 되는 연구를 해야 했고, 원자력의 농업 응용 연구가 기대를 모았다(실상, 중국과 같이 막대한 인구를 먹여 살려야 하는 나라는 더 절실한 과제였다. 중국은 아직도 방사선의 농업 응용이 중요한 나라이기에 선도적인 연구를 하고 있다). 배고프게 자란 우리 할배들의 주린 배를 채워줬던 통일벼를 기억한다. 통일벼 개발에 방사성 동위원소 추적자 응용으로 일조했던 동료 할배의 얘기를 소개한다.

방사성 추적자로 통일벼 개발을 거들었던 이야기

60년대는 전란에서 벗어난 우리나라가 군사정권하에서 '잘 살아보세' 운동을 펼치던 시절이다. 원자력연구소에서는 당연히 국가의 식량안보에 보탬이 되는 연구를 해야 했고, 원자력의 농학응용연구가 기대를 모았다. (실상, 중국과 같이 막대한 인구를 먹여 살려야 하는 나라는 더 절실한 과제로서, 아직도 방사선의 농학응용이 중요한 국가적 연구과제로 선도하고 있다.)

원자력원 산하 방사선 농학연구소 연구관이었던 필자는 동위원소 추적자(Zn-65, P-32, C-14, H-3)를 이용한 통일벼 연구에 참여하였다. 당시 국제적인 쌀 연구소인 필리핀 소재 IRRI(International Rice Research Institute)에서 기적의 쌀이라고 알려진 IR-8이 개발되어 아시아 각국에 보급되어 있었다. 나는 1970년대 초, IRRI에 파견되어 IR-8 품종의 볏잎이 붉어지는 적고(赤枯) 현상, 수확기에 벼의 낟알이 떨어지는 탈립(脫粒) 현상 등 치유기술로, 아연(Zn) 결핍이 원인인 것을 발견하여 그 치유방법을 구명하였다. 이것을 보고 필리핀의 한 지주로부터 농업이민 제의를 받기도 하였다.

그 몇 년 후, 국내의 농촌진흥청에서도 IR-8의 손자뻘 되는 다수확 품종인 IR-667을 육성보급 과정에서 일부 지역에서 적고와 탈립 현상으로 농민들이 고충을 당하였다. 요즘이야 쌀이 남아 걱정인 시대가 됐지만, 보릿고개로 먹느냐 굶느냐의 문제였던 농민들은 이 문제를 들고 농정당국에게까지 쳐들어갔다고 한다. 필자는 농진청의 협조요청에 IRRI 경험을 살려 피해지역 시료채취를 위해 망태기를 걸머지고 돌아다녀 전국 여러 피해 지역을 파악하였다. 적고 발생 지역 식물체 시료를 채취하여 진단시험을 실시하고 오전 5시에 방송되는 KBS 〈농민의 방송〉에 출연하여 치유방법에 대한 지도 방송을 계속 실시하였다. 그리고 지도용 팸플릿을 제작, 전국 시군 지도소에 발송해 지도 사업 수행에 이용되도록 하였다. 이 연구 결과는 국내외 학술지에 발표하고 이 결과로 한국에서는 아연(Zn) 비료가 증산용 비료로 판매되었다. 정부의 통일벼 보급은 성공하여 1976년부터는 보릿고개를 극복하고, 우리나라 쌀의 역사상 처음으로 자급자족 시대가 되었다.

잘 알려진 바와 같이 우리나라는 통일벼 덕분에 보릿고개라는 사회문제를 극복하는 데 한몫했다. 먹는 입 '식구(食口)'를 줄이는 게 국가적인 과제였기에 산아제한까지 강행했던 시절이었다. 한 세대가 지난 이제는 인구가 줄고 쌀이 남아 처치를 고민하게 됐다. 더 이상 우리나라와 같은 소농 구조로는 미국과 같은 대규모 기업농 생산성과 경쟁이 되지 않기 때문이다 (이는 중국과 같은 대규모 농업인구 국가나 베트남과 같은 다작농 쌀농사 국가도 마찬가지 문제라고 한다). 어쨌든 70년대 통일벼는 소출이 재래종에 비해 두세 배로 우수하여 박정희의 꿈대로 국민이 배불리 먹게 하는 데 기여했다. 그래서 다산모는 '통일벼 엄마'라는 속칭까지 생겼었다. 그 배경에는 방사선 추적자를 이용한 아연시비 연구가 한몫했다.

방사선의 산업적 이용

방사선의 산업적 이용은 크게 추적자(tracer)이용, 비파괴 검사(radiography), 계측장치 이용 등으로 대분된다.

1964년 우리나라의 첫 비료공장인 충주비료공장에서는 C-14를 이용한 공정개선연구와 탄광 내 침수경로 추적연구가 있었다. 비파괴 검사는 Cs-137과 Ir-192를 이용하여 파이프와 용접부의 비파괴 결함검사에 이용되었다. 계측은 베타와 감마선의 투과력을 이용하여 산업제품의 두께 측정과 품질관리 등에 이용되었다.

동위원소 이용의 새 전기

1973년 한국원자력연구소가 독립적인 민간법인으로 출범하면서 우리나라 원자력연구의 새로운 전기를 맞게 된다. 비발전 부문에서도 분산되어 있던 의학과 농학연구소도 새로운 통합연구체제와 시설로 개편되었다.

연구소의 획기적인 연구시설은 유엔개발기구(UNDP)[81] 지원사업으로 착수된 '대단위 방사선 가공처리 시범 사업'으로 건설된 Co-60 조사 시설이었다. 1975년 10월 완공된 이 시설은 3.7 TBq(10만 Ci) 규모의 대용량 시범 시설로 의료 제품의 멸균 조사 등 산업적 지원 기능을 실증해 볼 수 있다. 이 시설은 그 후 한국원자력연구소가 대전 부지로 이전함에 따라 이전 설치되었다.

정읍분소 시대가 열리다

80년대 중반 한국원자력연구소가 대전으로 이전 후, 대전 부지는 여러 시설로 채워져 갔다. 국가적으로는 대덕연구단지가 일정 규모에 도달하여 전국적인 규모의 연구 개발 '특구' 사업으로 확대되어 갔다. 이러한 추세에 발맞추어 한국원자력연구소도 비발전 부문의 기술 개발을 지자체의 지역 특화 사업과 협력 개발하는 것을 모색하였다.

---

81 UNDP(United Nations Development Programme)

한국원자력연구소의 비발전 부문의 연구 활동과 연구 개발 결과를 사업화로 육성·촉진하기 위한 시책을 추진하였다. 전라북도의 연구단지 유치 정책과 협력하여 정읍에 분소를 설립하였다. 2015년부터 전북 연구 개발 특구로 지정된 정읍 분소에서는 특히 방사선을 이용하는 농업, 공업, 생명공학 융합 기술 개발과 사업화를 향한 전략을 추진하고 있다.

동남권 원자력 클러스터

정부 차원에서는 이와 연계한 기초 과학기술 육성책의 일환으로 동남권 원자력 과학기술 단지 조성을 목표로 경북 경주시의 양성자 가속기 이용 첨단 기업 육성과 경남 기장군의 동남권 방사선 의과학 일반 산업 단지에서 의료용 동위원소 생산, 가공, 나아가 수출에 이르는 전진기지 조성 계획을 추진하였다.

경주와 기장에 건설된 원자력 기술 특화사업 클러스터의 주요 시설들은 아래와 같다.

① 경북 경주시 건천읍 소재 양성자 가속기

정부의 21세기 프론티어 연구개발사업의 일환으로 한국원자력연구원 산하 사업단에 구축되었다. 100 MeV 양성자가속기와 이온빔장치 운영을 통하여 원자력은 물론, 나노, 생명, 정보·통신, 에너지·환경, 우주, 의료 및 기초과학 등 다양한 분야의 학제 간 융합·창조적 연구개발에 필요한 최적의 양성자 및 이온 빔 서비스를 제공한다.

② 경남 기장군에 건설된 동남권 원자력의학원

원자력 60년사를 함께 하는 방사선 의학기관으로 독립한 한국원자력 의학원의 동남권 분소로 10여년에 걸친(2002~2012) 사업으로 건설되었다. 암 전문 방사선의학기술의 선도시설로 제 4세대 사이버 나이프, 6차원 고정밀 선형가속기, 첨단 로봇 수술기 등을 갖추었다.

2 — 방사성폐기물 랩소디

 1980년대에 진입하면서 미국의 신임 레이건 대통령은 전임자 카터 대통령의 반핵 정책은 풀었지만, 미국의 원자력계는 이미 침체기에 들어섰다. 과거 기승을 부리던 냉전이 해빙 모드로 돌아서 핵무기도 감축 모드로 돌기 시작했다. 70년대 착수한 원전과 원자력 산업의 관성으로 명맥은 유지되었으나, 미국 내 원자력 시장은 이미 기근이 들기 시작했다. 이게 바로 한 박자 느리게 뒤따라가던 우리나라 원자력 산업에는 구매자 시장(buyer's market) 덕을 보게 만든 요소인 것이었다. 미국 원자력계의 비극이 우리에게는 행운의 기회가 된 것이다.

 그러나 행운의 뒤에는 불운도 싹 트는 법, 80년대 들어 원자력의 부흥과 더불어 전에 못 보던 '반핵'이라는 뿌리가 성장하기 시작한다. 한국 정치판의 시대적 흐름으로 나타난 민주화 추세는 국가 권력이 육성해 온 원자력계를 정치권력의 하수로 보기 시작했다. 민주화 투쟁의 블랙리스트에 원자력이 포함된 것이다. 처음에는 원전의 안전성이 문제였다. 1986년 소련의 체르노빌에서 일어난 원전 사고는 유럽을 반핵 무드로 강타했지만, 우리나라를 포함한 동아시아는 그 당시만 해도 크게 신경 쓸 여유가 없었다. 정치와 경제가 우선이었지, 원자력 같은 것은 국가 산업이니 전문가들이 알아서 잘 하면 되는 것으로 여겼던 시절이었다. 1987년 민주화의 파도가 마무리되면서 국가 산업발전의 부작용처럼 부각되던 환경오염에 대한 경고가 정치 문제가 되었다. 때마침 일고 있던 환경운동은 자연스레 반핵운동과 시너지를 일으키며 원자력 산업 성장에 비례하여 성장해 갔다. 이것이 80년대 중반 한국형 원자력 희비쌍곡선의 시발점이었다.

지난 반세기간 우리나라의 원전 산업은 정부 주도의 결정과 집행으로 전력 생산의 목표를 무사히 달성할 수 있었다. 그러나 그 과정에서 지역 주민들과 일반 대중의 원자력에 대한 국민적 호응을 얻지 못하고 강행했다는 비판은 겸허하게 받아들여야 할 처지가 된 것이다. 오늘날 우리 사회에 팽배한 반핵 감정과 탈원전 기류의 원천은 지난 반세기 톱다운 방식으로 밀어붙인 원전 사업에 대한 부작용으로 반드시 풀어야만 하고 시급히 해결해야 할 과제가 되었다.

2.1 방사성폐기물 둘러보기

원자력 하면 그림자처럼 따라 나오는 이슈가 폐기물이다. 폐기물은 질량 보존의 법칙에 의해 인간의 모든 소비활동의 잔재물로 발생하기 마련이지만, 원자력에서 발생하는 방사성폐기물은 인체에 미치는 피해가 크다는 사실 때문에 타 일반폐기물보다 반대가 더 심하다.

역사적으로 방사성폐기물의 탄생은 원자력 자체의 탄생과 동시로 보는 게 논리적이다. 즉, 2차 대전 중 미국 맨해튼 프로젝트에서 핵반응에 의해 생성된 핵물질 가운데 핵분열 동위원소로 선별되고 남은 것은 폐기물이었을 것이기 때문이다. 그 당시는 위급한 전시상황이라 발생된 방사성폐기물을 제대로 처리해서 관리하지 못했을 것이다. 활동에 방해가 되지 않는 범위 내에서 대충 모아 두거나 외진 곳에 버렸을 것이다. 실제로 원자력의 선진국이었던 핵보유국들에서 그런 일이 발생하였고, 전후에도 꽤 오랫동안 바다에 쏟아 버린(sea dumping) 사례로 환경단체들의 반핵운동의 빌미가 되었다.

우리나라에는 고준위 방사성폐기물이 없다

원자력 활동과 관련, 방사성폐기물의 관리에 대해 본격적인 논의가 시작된 것은 1955년 원자력의 평화적 이용을 위한 국제대회부터였다. 그러나 원자력 초창기의 원자력 연구자들의 초점은 우라늄과 같은 핵연료의 확보가 우선이었기 때문에 재처리와 같은 핵연료주기에서 발생하는 방사성폐기물 관리만 주요 대상으로 삼았다. 그 당시는 원자로에서 발생하는 사용후핵연료는 재처리하여 연료로 재사용하는 핵주기 개념이 주요 목표였고, 재처리에서 발생하는 폐기물은 시간을 두고 적절한 처리기술을 개발한다는 개념이 일반적이었다.

재처리에서 발생하는 방사성폐기물은 핵물질의 추출단계에 따라 고준위-중준위-저준위 순으로 방사성물질의 농도가 약해지는 반면, 발생 폐기물의 부피는 반대로 커진다.[82] 고로 핵무기를 생산할 정도의 재처리를 하는 선진국들의 최우선적인 기술 개발 목표는 최고로 위험성이 높은 고준위 방사성폐기물의 처리였다. 재처리에서 발생했던 다량의 고준위 방사성폐기물 용액은 고열이 발생하므로 저장 탱크에도 냉각 설비를 갖추어야 한다. 강한 산성 물질 등 혹독한 화학적 조건을 견디기 위한 부식 방지 대책도 필요하다. 따라서 기술력이 있는 선진국에서는 일찍부터 고준위 방사성폐액의 안정화 처리에 주력하였으며, 기술적 방법으로 유리화를 비롯한 고형화 기술 개발을 해 왔다. 그러나 이 고형화 기술 개발은 많은 노력과 시간이 소요되어 1970년대 이후에야 상용화 시설에 활용되기 시작했다. 군사시설에서 개발된 기술들은 원자력 기술이 산업화된 70년대 이후 민간시설로 이전되어 활용되었다.

저준위 방사성폐기물

재처리 시설 이외의 원전과 같은 원자력 시설에서는 고준위 방사성폐기물이 발생되지 않으며 주로 소량의 중준위급 방사성폐기물과 저준위급 방사성폐기물이 주를 이룬다. 따라서 우리나라와 같이 재처리 시설이 없는 대부분의 원자력 발전 국가들의 방사성폐기물은 저준위 방사성폐기물이

---

82 그래서 위탁재처리한 방사성폐기물은 운반의 효율을 기하기 위해 재처리에서 발생하는 중저준위 방사성폐기물의 해당량의 고준위 방사성폐기물로 '치환'하여 반송한다.

대부분이다.

방사성폐기물은 방사능 준위에 따라 고-중-저 폐기물로 구분하기도 하지만 형태에 따라 액체, 고체, 기체로 구분하기도 하고 핵종의 반감기에 따라 장(長) 반감기와 단(短) 반감기로 구분하는 등 국가에 따라 분류 방법에 차이가 있다. 원자력 시설의 해체 시는 시설 자체가 폐기물이 되므로 단기간에 폐기물이 다량으로 발생하는 특징이 있다. 원전해체 폐기물의 대부분은 방사성을 띄지 않는 일반폐기물이고, 방사성폐기물은 사용후핵연료를 예외로 하면, 원전의 운전에서 발생한 잔존 폐기물이나 해체에서 발생하는 시설과 2차 폐기물로 대부분 중저준위급이다.

국내 방사성폐기물의 출현

우리나라의 방사성폐기물 관리 역사를 되짚어 보려면, 방사성물질 취급시설의 진화를 보면 쉽게 짐작할 수 있다.

1960년대 서울 동부 교외인 공릉동에 건설된 한국원자력연구소의 연구용 원자로에서 발생한 사용후핵연료를 보관하거나 처리함으로써 오염된 시설이나 소모품들이 방사성폐기물이었으나 그 양이 많지 않아 장기 보관해 왔다. 후에 연구로가 해체되면서 이들도 해체 폐기물과 함께 처리되어 관리되었다. 연구로에서 발생되는 소량의 동위원소는 의료용으로 병원이나 연구시설에서 사용된 후 수거되어 연구소의 저장소로 모아졌다. 기타 산업용 폐선원 등은 안전관리 절차에 따라 수거·관리되었다. 처분 시설이 없던 시절이니 연구소의 적당한 장소에 저장되었던 것이다.

방사성폐기물 관리에 대한 본격적인 연구는 대덕 부지가 개발되면서부터였다. 한국핵연료개발공단이 프랑스의 화학 처리 대체 사업으로 건설한 대덕부지의 시설에는 선행 핵연료주기 시설들과 핵연료 가공 시설, 그리고 조사후시험 시설에서 발생하는 방사성폐기물들이 관리 대상이었다. 동 사업에서는 이에 대비하여 방사성폐기물 처리시설이 도입되어 건설되었으며, 연구용은 물론 실제 용도의 시설로 사용되어 왔다. 우리나라의 방사성폐기물의 관리를 위한 본격적인 연구 활동은 사실 80년대를 시발점으로 볼 수 있다.

1986년 원전 건설이 붐을 타면서 정부에서는 국가차원의 총체적인 방사성폐기물 관리 사업을 출범시켜야 할 필요성을 인식하고 법제화와 함께 제도적인 방안을 마련하였다. 마침 핵연료 국산화 사업 등을 성공적으로 마무리하고 핵연료주기 기술 개발을 추진하던 한국원자력연구소가 방사성폐기물 사업의 추진 주체로 지명되었다. 연구소는 그동안 수행해 온 연구소 내부의 방사성 폐기물관리 연구뿐 아니라 원전과 병원 등 국가 전체 차원의 방사성폐기물 관리 정책을 수립하고 추진할 임무를 받은 것이다. 연구소는 과학기술처를 주관으로 하는 국가 방사성폐기물 관리 사업 추진 계획을 수립하여 추진하게 되었다.

2.2 한(恨) 많은 처분 부지

1980년대 중반 한국에너지연구소는 소장 한필순의 리더십 아래, 핵연료 국산화 사업을 비롯한 원자력 기술 자립을 국가적인 목표로 만들고 있었다. 농축 기술을 제외한 모든 선행 핵연료주기 기술을 자립한 후 후행 핵연료주기 기술까지 자립하여 원자력 기술 자립의 완결을 꿈꾸던 한필순에게 국가 방사성폐기물 관리 사업은 연구소 활동의 빼놓을 수 없는 한 분야이었다. 이 부분은 연구소의 독립 이후 핵심 기술로 개발을 추구해 오던 후행 핵연료주기 사업의 그릇인 것이다. 원전을 비롯한 원자력 시설에서 발생하는 대부분 중저준위급 방사성폐기물은 처분장을 확보하여 처분한다. 기술적으로 훨씬 복잡한 후행 핵연료주기 기술을 개발하기 위해서는 사용후핵연료 관리라는 보편적 간판을 달고 중간 저장 시설을 마련하였다. 장기적으로는 후행 핵연료주기 분야의 완결을 준비하는 제2연구소 전략을 추진하려는 포석이었다. 그래서 정부에서 국가 방사성폐기물 관리 사업이 대두되자 연구소를 사업 주관 기관으로 하여 바로 협약을 체결하였다. 이것이 단기적으로는 연구소의 명암을, 그리고 장기적으로는 국가 차원의 원자력 사업의 명암을 가르는 '방사성폐기물 서사시'의 첫걸음이 될 줄은 연구소장은 물론 직원들도 전혀 상상하지 못했다.

국내 첫 방사성폐기물 부지 조사

우리나라의 원자력 사업에서 부지 조사는 수차례 있었다. 우선 원자력연구소 부지 물색을 위한 서울 인근, 대덕단지 등을 대상으로 한 비교적 간단한 부지 조사가 있었다. 1960년대에는 원전 건설을 위한 상당히 세밀한 해안 부지 조사가 있었고, 1970년대에는 우라늄 광맥 탐사 차원에서 충청권 일원의 지질조사가 있었다.[83] 그러나 우리나라의 방사성폐기물 처분 부지를 물색하기 위해 본격적인 부지 조사에 착수한 사례는 연구소가 1988년 추진한 이 활동이 효시일 것이다. 핵보유국에서는 재처리에서 발생하는 고준위 방사성폐기물 처분을 위한 부지물색을 1950년대부터 착수했던 사실을 주목했다면, 이 나라들이 1986년경에는 체르노빌 원전 사고 등으로 방사성폐기물 관리가 국가 차원에서 얼마나 골치 아픈 사회적 이슈가 돼 있었는지를 주목하여 우리나라도 2000년대에는 발생할 수 있는 방사성폐기물의 사회적 이슈에 대해 심각하게 대비했어야 했다. 그러나 한국 같은 '빨리빨리'의 변혁 사회에서 누가 알았으랴! 30년은커녕 10년도 지나지 않아 방사성폐기물 부지 선정은 우리 사회의 주요 정치적 이슈로 등장했다. 급기야 30년 후에는 원자력 기술 자립의 공든 탑을 무너뜨리게 될 줄을 그 누가 알았겠는가?

첫 조사 용역을 맡은 한국전력기술은 경북 영덕군 남정면을 중저준위 방사성폐기물 처분 대상 부지로 추천하였으나 1989년 지역 주민들의 반대

---

83 필자는 우연한 기회에 6.25전란 중 미군이 한반도에서 우라늄 자원조사를 했다는 자료도 보게 되었다.

시위에 부딪쳐 무산되었다. 1980년대 후반기는 국내 민주화 추세와 아울러 환경운동이 강도를 더해가던 시기였다.

안면도 사태(1990)

1989년 말, 한국에너지연구소는 1973년 제정된 옛 명칭 '한국원자력연구소'를 회복하였다. 연구소는 1990년 10월 23일 국가 방사성폐기물 관리 사업을 위한 전담 부서를 원자력 제2연구소로 개칭하고 연구와 사업을 병행하여 추진하였다. 정부는 충청남도와의 협조 아래 안면도에 제2연구소를 건설할 부지로 확보하는 계획을 은밀히 추진하였다. 공개적으로 추진하지 않은 이유는 그때만 해도 원자력 사업 추진은 국가적인 보안 사항으로 여겼기 때문이었는데, 이게 화근이 될 줄은 그 누구도 알지 못했다.[84] 1990년 12월 개최된 제227차 원자력위원회에서 안면도 인근 섬이 중저준위 방사성폐기물 처분장으로 선정된다는 소식이 언론에 보도되면서 안면도에는 반대투쟁위원회가 결성되었다. 이들의 활동은 전국 규모의 반핵단체 및 환경단체들과 연대하여 대규모 반대 시위로 확대되었다. 필자는 안면도 사태 직후 연구소의 담당자들과 현지를 방문했던 기억이 있다. 당시 어촌 마을이었던 안면도의 마을회관에는 반핵 완장을 찬 환경단체 요원들이 마을 주민들을 모아놓고 원자력과 방사성폐기물의 위험성에 대해 경고

---

84 핵물질을 다루는 연구소는 (외국도 마찬가지로) 국가보안시설요건에 따라 주변 울타리를 이중 철책으로 군부대의 보초를 두어 감시한다.

하는 듯했다. 이 마을주민에게 원자력을 부정적으로 각색하여 먼저 가르친 것은 환경단체들이었다.

안면도에서 잃어버린 세월

필자는 중고등학교 시절 선생님들로부터는 물리학과 등 이공계로 진학하라는 조언을 들었다. 대학에서 물리학과를 졸업하고, 핵물리학 분야에서 석박사 학위를 취득하였다. 그리고 한국원자력연구소에 입소하여 대덕공학센터에서 조사후시험실에서 근무하고 있었다.[85]

1989년 말 어느 날, 우리 연구원들에게 전혀 예상하지 못했던 사회적 소란이 발생하였고 그 사건은 연구원의 인생을 엉망으로 만들어 버렸다. 이른바 안면도 사태. 방사성폐기물 처분장을 안면도에 건설한다는 뉴스 보도가 나오자 국내의 반대세력들이 안면도의 주민들을 선동하여 폭력시위를 촉발시킨 것이다. 파출소가 피습되고 경찰관들이 수모를 당하는 등의 불법 사태가 발생했다. 주민들의 소요가 계속되자 정부가 처분장 건설 계획을 철회해 소요는 일단 가라앉는 듯했다. 이 사태의 발생 원인이 정부의 대국민 원자력 홍보가 미흡했던 때문이라는 보도가 연일 나오면서 원자력연구소는 대규모의 홍보팀을 조직하게 되었다. 기존의 홍보팀만으로는 처분장 건설을

---

[85] 원자로에서 타고 나온 사용후핵연료를 분석하여 문제점 유무를 찾기 위한 시험으로서 원전의 안전운전을 위해서는 필수적인 시험이다.

위한 홍보에 한계가 있었던 것이다. 나는 이 홍보팀에 합류하게 되었는데 길게 잡아봐야 6개월이면 충분히 홍보를 마칠 것이라고 순진하게 오판했다.

어느 늦은 봄날. 그날도 나는 연구소의 동료와 함께 안면도를 찾았다. 고남면 반투위 최 모 위원장을 그의 우럭 가두리까지 배를 타고 가서 만났다. 그는 '여기가 어딘데 겁도 없이 찾아왔어?' 하며 우리를 앉혀 놓고 다짜고짜 큰 사발 세 개에 막소주를 가득가득 따르고서는 단숨에 마시라고 우락부락하게 권했다. 그리고 자기가 먼저 벌컥벌컥 마셔 버렸다. 나는 여기서 밀리면 처분장 얘기는 꺼내지도 못할 것이라는 판단을 하고 억지로 잔을 비워냈다. 죽을 때는 죽더라도 일단은 붙어봐야 하겠기에. 문제는 동행한 정 박사였다. 술에 약한 그가 놀랍게도 잔을 들어 울컥거리면서도 다 마셔버렸던 것이다. 드디어 처분장 얘기가 진솔하게 시작되었다. 최 위원장은 자신이 위원장이기 때문에 운신의 폭이 좁다며 자신도 반핵단체의 주장을 다 믿는 것은 아니고 우리를 이해하고 있다고도 했다. 일단 여기까지만 얘기하고 다시 만나기로 약속한 후에 최 위원장의 배를 타고 돌아오는 길이었다. 인사불성 상태이던 동료가 갑자기 바다로 뛰어들어 버렸고 위원장이 황급히 배를 돌려서 함께 그를 건져 올렸다. 정 박사가 의식을 잃고 있었으므로 나는 평소에 알고 지내던 고남면의 강 모 이장 댁으로 그를 옮겼는데 그 어지러운 와중에 감시망에 노출되어 버린 것이다. 반투위 청년들이 우르르 몰려들었다. 한결같이 험악한 분위기를 연출하며 금방이라도 일을 낼 듯 으름장을 놓는 그들을 제지하기 위해 어떻게 알았는지 최 위원장이 달려와서 겨우겨우 폭력은 진정되었고 다행히 정 박사도 의식을 찾았다.

> 나는 어느덧 칠순의 아톰 할배가 되어 버렸다. 초등학교 때의 원자력의 꿈은 그냥 추억 속에서 희미해져 간다. 후회랄 것까지는 없지만 너무나 아쉽다. 정 박사처럼 나도 천수만 바다에 뛰어들고 싶다. 깊은 바다 속에서 그때의 잃어버린 금쪽같은 내 세월을 되찾고 싶다.

안면도의 반대 시위가 정치적인 이슈로 번지자, 정부는 동 계획을 포기하고 타 부지를 모색하게 되었다. 이로 인해 본래 연구소가 핵심으로 삼았던 사용후핵연료 중간 저장 시설을 포함한 후행 핵연료주기 연구 시설 건설은 뒷전으로 밀리고, 중저준위 폐기물 처분 부지 확보 문제가 전면으로 부각되었다. 곧이어 노태우 정부의 한반도 비핵화 선언으로 사용후핵연료 관리 문제는 국가 방사성폐기물 관리 사업에서 후순위로 밀려났다. 다만 방사성폐기물 관리 사업 자금에서 사용후핵연료 중간 저장 시설 개념 설계와 사용후핵연료 기술 개발 시설 개념 설계를 수행하여 연구소의 후속 연구 활동에 기초가 마련되었다.

굴업도 사태

안면도 사태로 쓴 실패를 맛본 정부는 1991년 6월 7일 제227차 원자력위원회에서 향후 추진 계획에 관한 몇 가지 원칙을 세웠다(비밀주의를 없애고 공개적으로 추진, 지역 주민의 의사 우선시, 지역 개발 사업과 연계 등). 정부는 1992년 5월 13일 일명 '방촉법(방사성폐기물 관리 사업의 촉진 및 시설 주변 지역의 지원에 관한 법률)'을 제정하고 국회 동의를 거쳐 1994년 1월 공포하였다. 그러나 주민과 반핵단체들은 주민투표를 주장하며 지자체의 의사 결정에 제동을 걸었다. 1994년 10월 29일 국무회의에서는 범정부 유관부처의 방사성폐기물 관리 사업 추진 위원회를 구성하여 부지 선정을 했다. 동 위원회는 전국의 부지를 세 곳으로 압축하였다(경기도 옹진군 굴업도, 경북 영일군 청하면, 경북 울진군 기성면). 이 중 기존의 경북 부지가 아닌 경기도 옹진군 굴업도는 거주 인구도 별로 없고 반발도 적었기에 후보 부지로 선정을 의결했다. 그러나 1994년 12월 15일 뉴스 보도가 나오자 반대 시위가 터지기 시작했다. 다음 해 1995년 새 학기가 시작된 인천지역에서는 학생들이 동맹 휴학에 들어가고, 시민궐기가 파출소 습격 등으로 이어졌다. 그해 10월 지질자원연구소의 조사 결과 굴업도 인근에 지진의 활성 단층 징후가 있다는 보고를 근거로 12월 15일 제234차 원자력위원회는 동 부지를 방사성폐기물 관리 시설 지구에서 해제한다고 결정했다.

<u>연구소의 '사업 이관'</u>

굴업도 부지 확보 실패 후, 김영삼 정부는 그동안 한국원자력연구소에서 추진해 오던 국가 방사성폐기물 관리 사업을 연구소가 수행해 온 원전

설계 사업과 함께 한전으로 이관하는 속칭 '사업 이관'을 추진하였다. 지난 12년간 연구소에서 수행해온 원자력 사업은 사업자인 한전으로 이관하고, 대신 연구소에는 관련 연구에 필요한 연구비를 전력 요금에서 일정 요율 지원한다는 '원자력 기금' 패키지 딜(package deal)을 한 것이다. 이러한 정부의 결정에 따라 연구소의 원자로 설계 사업단은 한국전력기술로, 그리고 원자력환경관리센터의 사업부서는 한전으로 이전되고 연구부서는 그대로 연구소에 잔류하게 되었다. 80년대 중반부터 12년간 연구소가 추진해 온 원자력 기술 자립의 성과가 결실을 맺었으니 이젠 다시 연구소 본연의 입지로 복귀했다고도 볼 수 있는 결말이었다.

부안 사태

김대중 정권은 1998년 9월에 열린 제249차 원자력위원회에서 새로운 부지 선정 방안을 제출했다. 정부가 지방자치단체에 사업 추진을 제안하면, 지방자치단체는 시민을 대상으로 한 여론조사와 환경영향평가를 통해 부지 후보로 신청한다는 것이다. 그러나 환경운동연합의 설명을 들은 주민들의 일부가 강력히 반발하여 지자체들은 관심이 있어도 선뜻 신청을 하지 못하는 상황이 되었다. 그래서 2002년부터 추진된 여섯 번째의 사업 추진에서는 정부나 사업자가 부지를 선정하여 지자체에 공모를 권유하는 사업자 주도 방식이 채택되었다.

이어 노무현 정부는 2003년 봄, 방폐장을 유치하는 지역에는 '3,000억 원의 특별 지원금과 한수원 본사를 이전해 준다'는 조건을 내세웠다. 또한 '양성자 가속기 사업을 신청하면 가산점을 준다'는 등의 조건도 함께 내걸었다. 그러나 예비 타당성 조사 대상 지역이 모두 부지조사를 위한 굴착을 거부하여 수포로 돌아갔다.

그런데 2003년 7월 11일, 전북 도청에서 부안 군수가 기자 회견을 통해 부안군과 전북의 발전을 위해 위도에 방폐장과 가속기 유치 신청을 하겠다고 신청서를 제출했다. 정부는 7월 15일부로 위도를 단독 후보로 확정했다. 이에 대해 부안군 의회는 반대를 표명한 터여서 부안 군민들은 군청 앞에 모여 반핵단체들과 함께 반대 시위를 벌였다. 8월 9일 부안 주민들의 반대는 극에 달했다. 이날 부안 군수는 내소사에서 주민들을 만나 설득하려다 성난 주민들에게 폭행을 당했다. 군수를 지지하는 주민들이 뒷문으로 도망을 권유했으나, 그는 소신을 굽히지 않고 정문으로 나가다가 집단 폭행을 당한 것이다. 그 직후 부안 시위는 더욱 격렬해져 폭동 수준으로 확대되었다. 수습에 나선 정부는 주민투표를 통해 주민 의사를 확인한다는 주민투표를 실시하였으나 반대 측 주민들의 강압적인 분위기에 눌려 91.8%의 주민이 반대표를 던졌다. 그 결과 정부는 위도를 방폐장 부지로 선정한다는 결정을 취소하고 말았다.

부안 사태는 안면도와 굴업도의 경우를 통해 투쟁 기술을 얻은 반핵단체의 승리로 끝났으며 그 비극적인 결과는 원자력과 방사성폐기물 관리 이슈에 대한 우리 사회에 반성과 교훈을 안겨주는 계기가 됐다.

경주 처분장

부안사태 경험 후, 정부는 원전 사업 지원단이라는 태스크 포스를 만들었다. 이 기획단은 부안의 실패를 초래한 주민투표를 방폐장 부지 선정 요소로 도입하기로 정하였다. 이 기획단은 2003년 말, 주민투표에 의한다는 내용을 골자로 '원전 수거물 부지 선정 보완 방안'을 내놨다.[86] 또한 중간 저장 시설은 중저준위 방사성폐기물 처분 부지와 분리하여 별도로 다루기로 한 것이다. 아울러 유치 지자체는 방사성폐기물 반입 수수료와 한수원 본사도 이전해 준다는 당근책을 제시했다.

지자체 간에 유치 경쟁 분위기가 상승하면서 찬성 비율이 높아졌다. 2005년 11월 2일 실시된 주민투표에서 경주시가 유치 경쟁에서 1순위를 차지하여 30여 년 표류해 온 방사성폐기물 처분장 부지 확보는 결말을 맺게 되었다.

일단 중저준위 방사성폐기물 처분장 확보에 성공함으로써 우리나라는 원자력 발전국가들 중 처분장 부재로 고통받는 신세를 벗어나게 되었다. 그러나 경주 처분장은 중저준위 방사성폐기물만을 처분 대상으로 하기에 우리나라 원전에서 발생되는 사용후핵연료의 관리에는 전혀 도움이 되지

---

86 그 직후, 국회는 관련 주민투표법을 제정했다.

않는 한계를 갖고 있다. 또한 처분 시설의 설계 건설 과정에서 각종 정치적·사회적 여건으로 결정된 동굴 처분 시설은 건설비의 증대를 가져와 저준위급 방사성폐기물 처분 시설로는 세계에서 가장 비싼 처분비 단가를 기록하게 되었다. 어쨌든 경주 처분장의 확보로 이를 건설·운영하는 한국원자력환경관리공단이 발전사업자(한수원)로부터 분리하여 설립되었으며 경주에 본사를 두고 있다.

원자력 르네상스와 후쿠시마 이후

새천년 들어 원자력이 에너지 대안으로서 위용을 떨치기 시작하였다. 냉전이 끝나 시장 경제 체제가 지구촌을 장악하고, 디지털 글로벌화로 자본주의 경제 체제를 꽃피우는 시대가 된 것이다. 이미 수십 년간 투자로 본전을 뽑기 시작한 원전 사업은 저렴한 연료비의 경쟁력으로 미국과 유럽의 전력 시장에서 수지를 맞추기 시작했다. 투자비 부담과 반핵운동 등으로 선진국에서 고전하던 원자력이 가격 경쟁력과 기후 변화에 유리한 대안으로 부각되기 시작한 것이다. 일각에서는 이를 원자력 르네상스 시대의 도래로 낙관하기도 했다. 이러한 시대적 글로벌 동향은 한국에 행운을 가져왔다.

2008년에 시작된 이명박 정부는 한국이 이룩한 원자력 기술 자립 위에 세계에서 손꼽는 원자력 대국의 입지를 꿈꾸며 중동의 UAE 원전 수주 입찰에 승부수를 띄운 것이다. 결국 원자력에서 세계 최강의 입지를 차지하고 있던 프랑스와 최후의 일전을 벌여 2009년 말 단군 이래 최대 규모라는 약 200억 불 원전 수출 실적을 이루었다. 우리정부와 원자력계는 원자력 반세기의 업적으로 고무되었다. 담당 부처인 산업통상부에는 원자력 수출과가 신설되었고 세계시장에 총 80기 수출을 전망하기도 하였다. 당시의 이러한 장밋빛 전망은 2011년 3월 11일 이웃 일본의 후쿠시마 원전 사고로 물거품이 되고 말았다.

후쿠시마 원전 사고는 원전은 물론 핵연료주기 분야에도 심각한 여진을 몰고 왔다. 원자력의 진흥을 우선으로 삼던 원자력법에서 원자력안전법이 분리되어 이원화됨으로써 관련 법 체계가 복잡해졌다. 원자력에 대한 찬성 여론보다 반대 여론이 우세해지기 시작하더니 결국 반핵 정부가 들어서게 되었다. 이로서 수십 년에 걸친 후행 핵연료주기 기술 개발이 엄청난 타격을 입게 되었다.

이제 시급한 문제는 후행 핵연료주기 기술 개발이 아니고 원전에 누적되는 사용후핵연료의 원활한 관리이다. 이 문제는 이미 90년대부터 추진돼 온 중간 저장 시설 확보 사업과 연계되지만, 경주의 중저준위 방사성폐기물 처분장 유치 조건으로 전제된 사용후핵연료 관리를 위한 중간 저장 시설은 아직까지도 논의만 되고 있을 뿐이다.[87]

---

87 이 문제를 해결하겠다고 박근혜 정권의 '사용후핵연료 공론화 위원회'는 2051년 처분장 완공을 목표로 하는 의욕에 찬 계획을 제시했으나 2017년 정권이 바뀌면서 백지화되고 현재 재공론화를 논의 중이다.

2.3 우리의 핵연료주기는 어디로?

90년대는 냉전 종식과 함께 우리나라의 경제가 비약적 발전을 기록하던 시기였다. 원자력 분야에서도 기술 자립이 성과를 내고 국가 전력 수급 사업에서 원전건설은 중요한 몫을 더해가고 있었다. 또한 한국은 드디어 1996년 OECD 회원국으로 가입했다.

우리나라에서는 방사성폐기물 문제로 시끄럽던 90년대 초, 북한 핵문제가 불거졌다. 프랑스 민간 위성에서 포착한 북한 영변원자력단지에서는 5MW급 연구로에서 인출한 금속 핵연료봉을 재처리하여 플루토늄으로 비밀리에 핵무기 개발을 추진하고 있다는 징후를 포착한 것이다. 이 문제는 미국을 비롯한 국제 사회에 심각한 경종을 울렸고, 미국은 이 문제를 풀기 위한 방안 모색에 나섰다. 그 결과 클린턴 행정부는 북한과 이른바 제네바 합의에 서명했다. 제네바 합의는 북핵 문제를 해결하는 대신 북한의 요구에 따라 발전용 원전을 북한에 지원해 주는 내용이 골자였다. 북한에 공급해 줄 원전에 대한 구체적인 요건이 마련되지 않은 채로 이루어진 합의여서 미국은 이행 조치를 위한 이해 당사자 회의를 개최하였다. 이 회의는 정치 외교적인 성격의 회의여서 원자력 기술 자립을 이룬 한국원자력연구소 전문가들은 배석 정도로 참석하였다. 회의를 주관하는 미국의 관계자들은 물론, 한국 측 외교관이나 정부 관계자들도 한국형 경수로는 존재조차 모르고 있었다. 협상 초기에 막연히 북한에 지어줄 경수로는 가장 큰 재정

부담(50% 이상)을 질 한국이 우선권을 가져야 한다는 논란 끝에 결국 한국형 경수로로 낙착되었다. 이는 한국원자력연구소의 기술 자립으로 개발된 한국형 경수로를 국내뿐 아니라 세계에 알리는 계기가 되었다.

이로써 한국의 원전 기술 수준은 세계 선진국 대열에 데뷔하게 되었다. 그런데 핵연료주기 부문은 어떤가? 원전에 공급하는 선행 핵연료주기 분야를 살펴보면, 원료 공급부터 변환과 농축은 주로 세계 시장의 다국적 전문 기업과 장기 공급 계약을 맺었다. 경수로의 경우 저농축된 불화우라늄을 수입하여 원연 부지에 위치한 한전 원전연료주식회사의 가공 시설에서 가공하여 원전에 납품한다. 중수로의 경우 농축이 필요 없는 천연우라늄 분말을 수입하여 역시 한전 원전연료주식회사 중수로 핵연료 가공 시설에서 핵연료 다발로 제조하여 월성 원전에 공급한다. 선행 핵연료주기 부문은 세계 시장이 비교적 안정되어 별 문제가 없다. 기술 자립의 핵심적인 문제는 후행 핵연료주기 분야에 있다.

원전에서 핵분열로 연소되어 방출되는 사용후핵연료는 발전량에 비례하여 매년 쌓여만 가는데, 보낼 곳이 항상 마련되어 있는 것은 아니다. 그래서 경수로의 경우 원전의 소내 임시 저장 수조에, 중수로의 경우 이미 수조가 차서 원전 인근 건식 저장 부지를 마련하여 쌓아가고 있다. 원전 운영자는 쌓여만 가는 사용후핵연료의 임시 저장 시설 용량이 소진되지 않도록 노심초사하게 된다. 사용후핵연료를 보낼 데가 없어서 안전한 임시 저장 용량이 모자라면 규정상 원전 운영을 중지하는 수밖에 없기 때문이다.

원래 계획대로라면 사용후핵연료를 보낼 곳이 바로 후행 핵연료주기 시설이다. 후행 핵연료주기 시설의 범위는 과거 원자력의 역사적 진화에 따라 변천되어 왔다. 후행 핵연료주기 분야는 시대가 지나면서 다음과 같은 수순으로 전락해 갔다.

- 고속로의 상용화가 실패하자 고속로 핵연료주기가 필요 없어졌다
- 비싼 돈 들여 재처리된 플루토늄은 고속로 용도가 없어져 사용처를 경수로로 목표를 바꿨다
- 경수로용 혼합핵연료(MOX)는 신연료(UOX) 보다 제조나 원전에 재사용이 기술적으로 또는 제도적으로 까다로워 상업적 경쟁력이 없다
- 재처리의 부담(기술적, 경제적, 정치적)으로 후행 정책을 직접처분으로 방향을 선회하는 나라들이 늘어났다
- 사용후핵연료의 중간 저장을 위한 수요가 증대하면서 시설건설을 위한 부지 확보가 해당 지역 주민들의 반대로 어려워졌다
- 원전 내 임시 저장 시설의 확충도 주민 반대와 제도상의 문제로 어려워졌다

국가별로 차이는 있으나 한국의 연구 개발 정책은 거의 이 수순대로 변천을 겪었다. 어느 단계 하나도 대규모로 개발되어 보지는 못했지만, 몇몇 연구 개발 계획은 제법 진행되었던 사례들도 있다.

3 ──── 원자력 안전성이 문제의 핵심이다!

우리나라의 격동적인 현대사에서 원자력은 국가 과학기술 기반육성의 산파역을 했다. 6.25전란 후 미국의 '원자력의 평화적 이용' 정책을 계기로 전후 폐허에서 빈손으로 시작된 원자력은 우리 민족 특유의 DNA로 반세기 만에 '한강의 기적'이라는 명성에 걸맞게 세계적인 원자력 대국으로 급성장했다. 이러한 성장의 요람 역할을 한 것은 국가 차원의 원자력 연구개발을 해온 한국원자력연구원이다.

그런데 어느덧 시대가 달라졌다. 국가 주도의 기술 자립 성과만큼이나 사회가 민주화되었다. 디지털 기술이 보편화된 90년대부터 우리나라는 글로벌 정보 혁명 시대로 진입했고 신세대의 문화도 달라졌다. 우리 할배 세대들이 고생해서 이룩한 원자력 기술 자립은 그 시대에 했어야 했던 일이지 이미 현시대에는 예전의 성과다. 우리나라 전력 생산의 상당 부분을 담당하는 원전은 만에 하나 사고위험과 방사성폐기물의 부담을 안겨준다. 님비(NIMBY)! 이젠 우리 할배들도 시대적인 인식 차 외에도 가치관의 차이를 감지하기 시작했다. 80년대부터 불기 시작한 민주화 열풍에 과거 정부 주도의 사업에 대한 새로운 시각이 싹트기 시작했다. 어쩌면 선진국에선 60~70년대에 시작된 '반문화'의 바람인지도 모르겠다. 원자력의 성과는 2009년까지는 그런대로 버텨왔다. 결정적인 타격은 2011년 이웃 일본의 동일본 대지진으로 인한 후쿠시마 원전 사고에서 전해왔다. 이 타격은 한국만은 아니다. 전 세계 원자력 산업을 강타했다. 탈핵바람이 다시 불기 시작했다.

3.1 매체로 보는 반핵

　언론의 자유가 비교적 자유로운 미국에서는 일찍부터 냉전시대 핵 대결을 주제로 하는 문학이나 예술 작품이 많았다. 1960년 쿠바 핵미사일 위기는 냉전 핵 대결의 정점을 찍은 사건이었다. 그 이후 월남전으로 미국 젊은이들의 관심은 핵문제보다는 반전·반체제로 기운 듯하다. 캘리포니아에서는 히피들의 '반문화'가 일어났고 프랑스에서는 68혁명이 일어났다. 미국에서 반핵운동은 평화운동을 넘어 환경운동으로 연계되었다. 핵전쟁을 주제로 유명했던 영화 중에 1983년 말 미국 ABC TV에서 방영한 〈그날 이후(The Day After)〉가 있다. 냉전기 나토와 바르샤바군 간에 핵전쟁 시나리오가 스토리 배경으로 암울한 냉전 시대 핵전쟁을 그린 영화이다. 아마도 이것이 미국의 대중문화에서 냉전의 핵무기 대치 상황을 마무리하는 상징이 아니었을까? 그 후로 미국 사회에서 대중의 인기를 모은 TV시리즈는 〈심슨 가족(The Simpsons)〉이라는 만화 영화이다. 1987년 TV 시리즈물로 시작된 이 만화영화는 30년이 지난 지금까지도 인기리에 방영되고 있다. 1979년 TMI 원전 사고 여파로 원전 시장이 침체된 미국 시장이지만 80년대부터 100여 기의 원전이 가동된 미국 사회에서 반핵의 상징적인 연예물로 자리 잡았다. 그런데 아무리 만화라고는 하지만 스토리에 나오는 원자력발전소 관련 내용이 너무 엉터리여서 시청자들에게 원자력은 위험하기 짝이 없는 기술이라고 오도한다. 오죽하면 미국 에너지부(DOE)에서도 엉터리 내용물에 대한 해명자료를 공고했겠는가….[88]

　이러한 미국사회의 현상을 보면서 우리 아톰 할배들은 1950년대 이승만 대통령에게 마술 같은 '아토믹 머신'을 설명했을 시슬러 박사를 회상해 본다.[89] 이즈음이 우리나라의 원전 사업이 서구와 명암이 엇갈리는 역사적 기점이 아니었나 짚어보게 된다. 제Ⅱ부에서 얘기했듯이, 한국원자력연구소가 어두운 터널을 빠져나와 핵연료 국산화의 성공을 필두로 승승장구하기 시작한 시절이다. 1986년의 체르노빌 원전 사고가 우발적으로 우리나라 원자력 기술 자립에 덕이 됐다면, 2011년 후쿠시마 원전 사고는 원인은 어찌 됐든 우리나라 원자력의 운명에 독이 된 것 같다. 이게 거리효과 때문인가 시간효과 때문인가?

88　USDOE 홈페이지 (www.doe.gov), "7 Things The Simpsons Got Wrong About Nuclear"(April 4, 2018)

89　시슬러 박사는 1994년까지 살았으니 만년에 이 시리즈를 (7년간) 봤을 것이다. 또한 한국에서 영광3·4호기 설계를 국산화하는 결과도 봤을 것이다. 그도 우리 아톰 할배들과 같은 보람을 느꼈을까?

3.2 안전성 시비와 '탈원전'의 딜레마

지난 반세기 동안 우리나라는 숨 가쁘게 달려왔다. 민주화와 산업화를 동시에 달성한 유일한 나라로, 경제적 안정을 이뤄 선진국의 반열에 오르는 듯했다. 2018년 현재 국민소득은 3만 달러를 돌파했고, 인구 5천만 이상의 세계 7대 경제 대국(30-50클럽)에 들어갔다. 즉 미국, 일본, 독일, 프랑스, 영국, 이탈리아 다음으로 우리나라가 이름을 올린 것이다.

기적에 가까운 이런 고도성장의 원동력은 여러 가지가 있겠지만, 그중 하나 대규모 원전의 역할을 빼놓을 수 없다. 원전은 우리나라 경제 성장의 밑바탕으로서 자신의 역할을 충실하게 감당해 왔다.

그러나 2017년 문재인 정부가 들어서면서 우리나라의 원전사업은 일종의 전환기를 맞았다. 지속적으로 추진되어 왔던 대대적인 원전 건설과 개발 사업은 국가적 차원에서 제동이 걸렸다. 25기 운전 가동에 9기 신규 건설을 추진하며 세계 첨단 산업으로 경쟁력을 키워온 원전 산업이 졸지에 미래를 잃고 존폐의 기로에 서 있다.

'공론화' 과정을 통해 국민의 의견을 수렴, 공정 30% 가까이에서 중지됐던 '신고리 5·6호기'는 어렵사리 건설 재개가 이뤄졌다. 하지만 나머지 신한울 3·4호기, 천지 1·2호기, 대진 1·2호기 등 후속 신규 사업들은 줄줄이 사업 정지의 운명을 기다리는 상태다. 오직 해외 건설 사업만 정부 지원을 받는다고 하지만 실속은 없어 보인다. 일자리 창출을 제1목표로 출범한 정부가 어찌 이런 속단을 내릴 수가 있을까?

3.3 안전성 우려의 진실

'에너지 전환 정책'으로 포장된 현 정부의 '탈원전' 정책 저변에는 원전의 안전성에 대한 심각한 우려가 깔려 있다. 2011년 발생한 후쿠시마 원전 폭발로 1천여 명이 넘는 사상자가 발생했다고 믿는 현 정부는 작금의 탈원전 정책을 출범 전부터 선거 공약으로 내세운 터였다.

하지만 이런 믿음에는 심각한 오류가 있다. 후쿠시마 원전 폭발은 규모 9.0이라는 일본 사상 최대 지진의 여파로 파고 13m가 넘는 해일 때문에 일어난 천재지변이 배경에 깔려 있다. 후쿠시마에는 10m 높이의 해수 방파제를 넘는 해일로 비상전원이 모두 침수되어 원전의 수소 폭발로 이어졌다. 그러나 후쿠시마보다 지진 진앙에서 더 가까운 위치에 있었던 오나가와 원전은 15m 높이에 자리한 덕에 지진과 해일의 피해를 겪지 않고 안전하게 정지되어 동일한 비등수형 원전이나 지금도 건재하다. 후쿠시마 원전도 오나가와 원전과 같은 높이의 방파제를 설치하였더라면 폭발 사고는 전혀 일어나지 않았을 것으로 판명되었다.

수소폭발 사고가 방사선 피폭 안전성과 어떻게 연결되어 있으며 원전의 안전성이 이 사고의 핵심이었을까? 이런 견해가 얼마나 허황되고 실제 상황과 동떨어진 판단인지는 후쿠시마 사고의 피해 당사자인 일본의 최근 원전 복구 후 재가동 실태를 보면 알 수 있다.

잘 알려진 대로 일본 정부는 후쿠시마 사고 직후 일본 전역에서 가동 중이던 54기의 원전을 전면 영구 폐기하겠다고 선언했다. 그러나 8년이 지난 2019년 현재, 일본 정부는 당초의 결정을 번복, 14기의 원전을 재가동키로 하고 나머지 원전도 영구 폐기할지 아니면 재가동할지의 여부를 심사 중에 있다. 원전 없이는 안정적인 전력 수급이 불가능할 뿐만 아니라 온실가스를 줄여 기후 변화에 대응하기 위해선 원전이 불가피하기 때문이다.

일본 정부의 결정을 우리는 눈여겨봐야 한다. 지구상에서 유일하게 원자탄과 후쿠시마 원전의 참화를 겪었으니 방사선의 안전성에 대해서는 누구보다도 민감하고 부정적인 일본인들이다. 그런 일본 사람들이 후쿠시마 사고의 진실을 이해하고 원전의 안전성을 재신임했다는 사실은 우리에게 시사하는 바가 크다. 일본 정부는 자국 내 원전들의 선별적인 안전 심사를 바탕으로 원전의 재가동에 들어갔다. 놀라운 일이 아닐 수 없다.
후쿠시마 일대에서 발생했던 1천여 명의 사망자는 모두 지진과 해일의 피해자들이었다. 원전 수소폭발로 인한 방사성 피폭 사망자는 단 한 명도 없었다. 일본인들이 이런 사실을 확인하고 인정했다.

일본에서 재가동이 승인된 원전들은 모두 가압경수로 타입으로, 우리나라의 원전과 동일한 원자로형이다. 후쿠시마 원전은 모두 비등경수로형으로 국내에는 존재하지 않는다. 국내 원전의 핵심부위를 둘러싼 격납용기는 두께 1m가 넘는 초강도 철근 콘크리트 구조물이다. 지진을 위시한 어떤 충격에도 견디고 방사성 물질을 외부 환경으로부터 차단할 수 있다는 의미다. 모든 가압경수로 원전은 1m 두께의 콘크리트 방호벽으로 둘러싸인 기본 설계에서부터 최악의 천재지변하에서도 방사선이 누출될 수 없도록 건설되었다는 것을 재확인한 것이다.

우리나라도 규모 5급의 지진이 경주와 포항 지역에 발생해 한반도도 지진으로부터 자유롭지 못하다는 사실을 실감했다. 그러나 국내 모든 원전은 기본 설계부터 규모 9급의 지진이 와도 안전하게 자동 운전 정지 모드로 가도록 돼 있다.

25기의 우리나라 원전은 지난 40년간 대형 방사선 누설사고 없는 무사고 운전 실적을 자랑한다. 근거 없는 막연한 공포가 과학적 진실을 가릴 수는 없다. 후쿠시마 사고 후 원전 사업을 전면 중단했던 일본도 충분한 사실 파악과 대안을 검토한 결과 원전을 다시 수용하는 방향으로 선회했다. 일본은 물론이고 영국, 프랑스, 핀란드, 체코 등도 비슷하다. 중동의 아랍에미리트와 사우디는 신규 원전 건설을 추진 중에 있다.

2018년 11월 대만에서 국민 투표를 통해 '탈원전' 정책을 철회한 것도 우리에게 시사하는 바가 크다. 2016년 대선에서 탈원전 공약을 내세워 집권한 현 대만 정부는 2년 만에 국민 투표 결과로 이 정책의 법적, 정치적 추진 동력을 모두 상실하기에 이른다. 우리보다 지진, 인구 밀집 부지 등 원전 가동에 악조건인 대만조차 원전을 다시 살려내기로 한 것이다.

이런 사실들이 이야기하는 것은 무엇인가? 탈원전은 올바른 선택일까? 현 정부는 '탈원전' 정책을 '원전 폐기라기보다는 60여 년에 걸쳐 에너지 정책을 전환하자는 것'이라고 말하지만, 신고리 5·6호기 이후 신규 원전의 건설을 백지화하고 설계수명 이상의 연장은 불허하는 정책을 고수하고 있다. 집권당으로 국내 에너지 수급의 막중한 책임 당사자가 되고 나면, 아무리 선거 공약 사항도 재고하고 수정할 수 있어야 하는 것이 상식이다. 과거 탈원전을 선거공약으로 내세웠던 김대중, 노무현 대통령도 집권 후 궤도 수정을 과감하게 수행하였고, 프랑스의 미테랑, 마크롱 대통령도 집권 후 탈원전 정책을 수정한 사실을 타산지석으로 삼아야 한다. 선진국들의 기존 원전 수명 연장과 탈원전 정책 수정을 참고하지 않을 수 없다.

3.4 원전 비리 사건

우리나라 반핵운동에 새로운 불씨를 안겨준 사건은 2013년 불거진 원전 비리 사건이다. 당시 최고 전성기의 국내 원전 건설 과정에서 부품 납품

과정 중 품질 기준에 미달하는 부품들이 시험 성적서 위조 등의 수법으로 수년간 한수원에 납품되어 오던 사례가 적발된 사건이다. 이로써 관련 기관장에서부터 실무자 다수가 입건되었고, 원전에 대한 중대한 사회적 불신 풍조가 확산된 불행한 사건이었다. 그 결과 해당 부품을 사용한 원전의 가동 중단 및 가동 지연이 발생하였고, 해외에 건설 중인 원전에도 악영향을 미쳐 국제적 신뢰도까지 저하되는 상황으로 진전되었다. 한국과 경쟁 관계에 있던 프랑스, 중국 등은 이 사건을 확대 해석하여 한국의 원전을 불신하는 구실을 제공하였다.

우리가 솔직히 인정해야 할 사실은 우리 사회에 만연한 안전 문화 인식의 부재 현상이다. 선진국에서는 교통질서 하나도 엄격하게 법대로 지키는 것이 일반적으로 체질화, 습관화되어 있다. 반면 우리는 아직도 주위에 아무도 보는 이가 없으면 빨간불도 서지 않고 지나가는 데 더욱 익숙한 풍토이다. 횡단보도에 사람이 들어서도 운전자 중 열에 아홉은 감속하지 않고 그냥 지나가는 게 오늘날 우리의 현실이다.

부품의 시험 성적서 위조 사건도 그 본질을 따지고 보면 바로 이런 안전 문화의 미숙에서 비롯된 면이 많다. 부품 자체의 건전성에 문제가 없다면 서류 위조 정도야 눈감아 준다는 아전인수적 사고가 우리 사회에 잠재해 있었다는 사실이다. 안전성에 관한 모든 면에서 완벽을 추구해야만 하는 원자력 안전 문화에서 용납될 수 없는 상황이었다.

한수원과 국내 원자력 산업체 기자재 공급망 체제에서 자성하는 분위기와 제도 개선으로 유사한 문제 재발을 미연에 방지하는 노력이 정착됨은 다행스러운 일이다. 세계 모든 원전 국가들과 어깨를 나란히 우리도 총리 직속으로 원자력안전위원회가 있다. 원전의 안전만을 담보하는 모든 검사와 심사를 전담하는 전문 기술·행정 인력이 700여 명에 달한다. 국내 모든 원전 현장에 24시간 상주 근무하고 안전성과 관련된 국내 원전 산업체의 부품 심사와 검사를 수행하는 전문 기관이다. 국내 어느 타 분야 산업체보다도 철저한 안전 규제를 국제 수준에 맞게 수행한다. 비록 일시적인 원전 비리 사건으로 타격을 입었으나 그로 인해 다시 제도를 개선하고 재발을 근본적으로 방지하는 체제를 굳힌다니 바람직한 일이다. 지구상에 100% 완벽한 안전성은 존재하지 않는다. 다만 인간적, 불가항력적인 과오가 발생할 때마다 씹고 배워서 기술과 제도를 개선하는 노력이 보장되는 시스템 구성이 중요함을 이번 원전 비리 사건에서 다시 일깨워 준다.

3.5 지구 온난화와 원자력

기후 변화는 천재지변이 아니다. 인간이 불러온 예측된 재앙이고 지구 온난화 현상의 일부일 뿐이다. 온난화에 대한 전 지구적 관심과 우려는 2015년 파리협정(Paris Agreement)을 탄생시켰다. 지구의 평균 온도 상승폭을 산업화 이전 대비 2℃ 이하로 유지하기 위해 195개국은 온실가스 방출을 의무적으로 줄인다는 협정에 서명했다. 세계 7위 온실가스 배출국인 우리나라도 2030년까지 37% 감축을 목표로 하고 있다.

온실가스 감축을 위한 가장 효율적인 전력 생산 방식은 원자력이다. 전기에너지를 기저부하로 대량 생산하는 데 최적화된 원전은 온실가스와 미세먼지의 발생이 없는 첨단 발전소이다. 화석연료를 전혀 쓰지 않고 우라늄 핵분열 시 발생하는 열로 전기를 생산하니 온실가스나 미세먼지 발생이 전무한 것은 잘 알려진 사실이다.

지구상 현재 30여 개 국가에서 440여 기의 원전이 가동 중에 있다. 가장 값싸고 친환경적인 대규모 발전 수단으로서의 원전이 존재한 지도 벌써 반세기가 넘는다.

2018년 한국에서 개최된 유엔 기구변화협의체(IPCC)[90]는 특별 보고서에서 2030년까지 '지구 온난화 1.5℃' 제한을 만장일치로 채택했다. 파리협정에서 '2℃ 이하'로 정의한 온난화 온도를 '1.5℃'로 좀 더 강화한 것이다. 특별보고서는 구체적인 실천 방안으로 네 가지 시나리오를 제안했는데, 석탄·석유·가스 감축과 더불어 신재생에너지 증가, 그리고 원자력에너지의 대폭 증가를 권유했다.

---

90 IPCC: Intergovernmental Panel on Climate Change

여기에 2018년 말 미국에서 반핵무기, 반원전 NGO 단체로 잘 알려진 '참여과학자 모임(The Union of Concerned Scientists)'에서 미국 전체에 가동 중인 99기의 원전 현황과 전망을 분석한 〈원전의 딜레마(The Nuclear Power Dilemma)〉라는 정책 보고서를 발표하였다.[91]

주요 골자는 미국 정부가 온실가스 배출 기준을 강화하고 발전 설비를 원자력과 신재생에너지로 구축할 것을 강력히 추천하였다. 여기서 원자력은 기존 원전의 계속운전(수명연장)과 신규 원전의 건설을 추천하였고 대규모 가스 발전의 억제를 건의하였다. 값싸고 풍부한 셰일가스를 보유한 미국의 에너지 정책 방향은 우리가 더욱 경청할 대목이다. 독일을 제외한 영국, 일본 등 여러 선진국들이 원전의 재건설을 추진하고 있다는 것은 지구 온난화가 가져올 피해가 더 크다는 사실을 이들은 이미 깨닫고 실천에 옮기고 있다는 뜻이다.

탈원전을 시도하려면 대체 전력 공급에 따르는 전력 가격 인상을 피할 수 없다. 우리나라의 자연 조건하에서 태양광과 풍력만으로는 필요 에너지의 절대량을 충족시킬 수 없다. 현실적으로 원자력을 대체할 만한 대안은 천연가스밖에 없지만, 천연가스는 석탄이나 석유보다도 단가가 월등히 높고 미세먼지를 발생시킨다. 신재생에너지는 에너지 자체의 간헐성과 저장

---

91 Union of Concerned Scientists, "The Nuclear Power Dilemma" Nov. 2018

의 한계 때문에 이용률이 20% 이하다. 당연히 전기요금이 급상승할 수밖에 없다.

원자력발전은 이미 기술 자립을 이룬 덕분에 대부분 부가가치를 국내에서 창출한다. 지금처럼 탈원전을 바탕으로 재생에너지를 증가시키려면 재생에너지의 공급 불안정성 때문에 재생에너지 용량에 버금가는 LNG 화력발전 설비의 추가 건설이 이어져 발전 원가의 대부분을 LNG 도입에 쓸 수밖에 없다. 막대한 국부의 유출을 걱정하지 않을 수 없는 것이다. 태양광 기자재의 대부분을 중국산에 의존할 수밖에 없는 현실은 국내 부가가치 창출이 어렵다는 것을 보여준다. 재생에너지 보급을 확대하되 원자력 발전으로 기저부하를 감당하고 LNG 발전은 재생에너지 공급변동에 따른 부하 조정용으로 건설 운용하여 외화 유출을 줄이고 미세먼지와 탄소 배출에 따른 기후 환경 영향을 막도록 하여야 한다.

4 ────── 잘못된 '탈원전', 무엇이 문제인가?

새 정부 들어 갑작스레 재생에너지 보급 확대를 앞세우며 '탈원전'을 주창하여 오랫동안 공들여 쌓아온 원자력산업의 기반을 송두리째 흔들고 있다. 일국의 에너지 정책을 하루아침에 뒤집는 일은 가능한 일도, 바람직한 일도 아니다. 지난 반세기 이 땅의 원자력 자립에 몸 바쳐온 아톰 할배들도 그동안 톱다운 방식으로 밀어붙였던 원전 건설 방식이 엄청난 반핵 세력을 키웠음을 알고 그들의 주장도 겸허하게 받아들이는 입장에서 이 글을 썼다.

4.1 국가 에너지 수급이 불안하다

에너지의 수요는 산업용, 교통용, 업무용, 가정용 등 다양하게 구성되며 계절별, 요일별, 시간대별로 산업과 일상생활의 변화에 따라 수시로 변화한다. 한해 365일 24시간 동안 한 치의 차질도 없이 수요와 공급이 밸런스를 이루도록 치밀하게 계획되고 관리되어야 한다. 원시생활에서는 있으면 좋고 없어도 되었으나 현대의 산업 운용과 문화생활을 함에 있어서 에너지는 더 이상 써도 좋고 안 써도 되는 것이 아니다.

에너지 공급원에는 다양한 형태로 사용이 가능한 석탄, 석유, 가스 등 화석연료와 전기의 형태로 변환되어야만 효용가치가 있는 원자력이나 태양광, 풍력 등이 있다. 전체 에너지 수요의 3분의 1을 넘게 감당하는 전기의 수급은 현대생활에 있어 다른 어느 에너지보다 민감하게 국민 생활에 반응한다. 나라와 지역마다 전력 공급에 반응하는 민감도가 다르나 세계 어느 나라보다도 우수한 전기 품질에 익숙해진 우리 국민들은 더 이상 전기가 없는 생활을 잠시도 이겨내지 못한다.

전기의 생산은 극히 일부 수력과 무연탄을 때는 화력을 제외하고 대부분 우라늄과 석탄, 가스 등 수입 연료에 의지해 오고 있다. 이들 수입연료는 발전소에서 전기의 형태로 변환되어 공급된다. 다행히 산업화 과정의 성공에 따라 원전과 화력 발전 설비들의 국산화가 이루어져 대부분의 기자재는 국산화되었고 연료인 우라늄이나 석탄, 가스 등만 수입해 쓰고 있다. 지난 한동안 우리나라의 발전 설비는 기저부하(base load)와 변동부하(variable load)를 효율적으로 감당하기 위한 최적전원구성을 모색하면서 원자력, 석탄, 가스의 공급비율이 40:40:20 정도로 구성되어 왔다. 이는 건설비가 비싸더라도 운영비(연료비 포함)가 싼 공급 원가가 저렴한 원자력이나 석탄으로 기저부하를 감당하고, 수시로 변하는 변동부하는 공급 원가가 다소 비싸더라도 설비 운영상 유연성이 뛰어난 가스 발전으로 감당하는 것이 계통 운용상 이점이 크기 때문이다.

지난 20세기 후반부터 범세계적 관심사로 떠오른 지구 환경과 기후 변화 문제가 부상되면서 화석연료의 과다 사용에 따른 기온 상승으로 환경

변화가 세계적 문제로 대두되어 국제적 공조 체제 구축에 힘을 기울이고 있는 상황이다. 다행히 풍력과 태양광을 사용하는 발전 기술이 많은 진전을 보여 여러 나라에서 재생에너지 사용을 대폭 확대하고 있으며 우리나라의 문재인 정부도 2030년까지 30%를 재생에너지로 공급하겠다는 야심찬 계획을 추진하고 있다. 재생에너지와 원자력은 상호 배타적이 아니고 최적의 조합을 찾아야만 하는 공존의 관계이다.

문제는 문재인 정부가 추진하는 장기 에너지 공급 계획이 원자력·석탄의 퇴출을 전제로 한다는 점이다. 이럴 경우 재생에너지공급의 간헐성 때문에 어쩔 수 없이 변동부하는 물론 기저부하까지도 LNG 가스로 감당할 수밖에 없게 되는데, 이는 국가적으로 매우 큰 위험 부담을 초래하게 된다. 기본적으로는 석탄은 탄산가스 발생에 따른 기후 변화의 영향을 고려하여 점진적으로 퇴출하되, 미세먼지와 탄산가스 배출이 전혀 없는 원자력만큼은 기저부하 감당을 위해 유지시켜야 한다고 본다.

원전은 국가 에너지 안보상의 고려에서도 화석연료에 비해 월등히 유리하다. 발전 설비는 물론 연료 생산도 모두 국산화가 이루어져 우라늄 원광의 확보와 농축 서비스만을 해외에 의존한다. 원전은 한번 연료를 장전하고 운전을 시작하면 18개월 이상 무정지 운전을 하고 법에 정해진 검사기간이 될 때 발전소를 세우고 정기 보수 작업을 한다. 발전소에는 다음 정기 보수 작업 때 교체할 핵연료를 저장하고 있기에, 예기치 않은 국제 분쟁이 발생하여도 적어도 2년은 무정지 운전이 가능하다. 우리는 원전 연료를 생산하는 대전의 원전연료에도 상당량의 원료물질을 비축하고 있어, 국제 분쟁 발생 시 공급을 우려해야 하는 가스나 석탄에 비해 보안성이 월등히 높다고 할 수 있다.

4.2 원전 산업계가 붕괴한다!

대한민국은 지금까지 수출로 고도성장을 이룬 나라다. 세계 10대 교역국에 들 만큼 모든 분야에서 수출로 약진을 거듭해 왔다.

이중 2009년 아랍에미리트와 체결한 원전 수출은 백미(白眉) 중 백미로 꼽힌다. 최신 제3세대 가압경수로 APR1400 총 4기, 공사비만 약 200억 불에 달하는 사상 최고의 수출을 원전이 이루었다. 우리 기술이 세계 최고의 원전 기술국들과 당당히 경쟁해서 플랜트 수출의 최정상인 원자력발전소를 수출했으니 가히 역사적인 일이라 할 만하다. 한전을 중심으로 '팀 코리아(Team Korea)'가 전력투구하여 2018년 바라카 원전 1호기의 완공을 이루었고, 남은 3기도 예정대로 2020년까지 준공을 눈앞에 두고 있다. 신규 원전 건설 기록상으로 미국, 프랑스 등이 공기 지연과 공사비 폭등의 악재로 고전을 면치 못하는 현실에서 한국만이 해외 원전 건설을 제 공기와 약정된 공사비로 건설을 마무리하고 있어 세계인의 관심과 이목이 집중되고 있다.

중동의 첨단국 아랍에미리트는 지구상에서 31번째의 신규 원자력 발전국으로 도약하게 되었다. 원전 건설 사업은 준비 기간이 평균 10년, 건설 기간이 10년, 운전 기간이 60년, 그리고 폐로 기간도 10년 이상이 걸리는 장기 프로젝트이다. 그러니 원전을 도입하는 나라와는 앞으로 백년지교(百年之交)의 장기 거래를 염두에 두고 교류해야 한다.

우리나라가 원전 수출국으로 부상하게 된 배경에는 국내에서 꾸준히 추진해 온 원전사업의 실적과 이에 동반된 기술력과 경제성이 인정되었음은 주지의 사실이다. 아랍에미리트와 더불어 사우디의 소형, 대형 원전 사업 진출과 요르단의 연구용 원자로 건설 가동 등 우리나라의 원자력 수출이 모두 중동 지역에 집약돼 있다. 지난 반세기 국내 건설 업체들이 중동의 사회 간접 시설을 건설하면서 보여준 성실성과 인내성이 현지인들에게 깊은 인상을 준 것이 원자력 수출에 큰 힘이 되었다.

2019년 8월 27일은 우리 원자력 60년사에 기억할 만한 날이다. 이날 미국의 원자력규제기관 USNRC는 이례적으로 한국의 3세대 최신 APR1400 원전에 표준설계 승인을 거쳐 완전한 설계승인(Design Certificate), 즉 '안전 확인 증명서'를 공포하였다. 이는 한국형 원전이 세계 최고 수준의 안전성을 갖추었다는 인정서이다. 우리의 원전 수출 경쟁국인 프랑스와 일본도 아직 이룩하지 못한 USNRC의 설계 승인을, 국제 무대에서 가장 선도적인 안전 규제를 추구하는 기관에서 우리의 한수원이 가장 먼저 국제적 공인을 받은 셈이다. APR1400 원전이 미국의 설계 승인을 취득했다는 사실은 이 원전을 미국 내에서 우선적으로 건설·운영할 수 있게 되었음을 의미한다. 이로써 우리 원전 설계의 우수성이 인증되어 해외 수출 경쟁력이 한층 높아졌다.

앞으로 신규 원전 사업을 구상 중인 나라들은 한국에서 진행 중인 탈원전 움직임을 예의주시하고 있다. 과연 한국이 어디까지 원전을 축소하여 국내 원전 공급망 산업체에 영향을 줄 것인가가 초미의 관심사다. 국내에는 500여 개의 기업체에서 원전 기자재의 국산화와 관련 서비스 산업화를 이루고 있고 원자력 전문 인력, 고급 기술자만도 3만 7천여 명에 달한다.

향후 사업 전망이 흐려져서 국내 산업체들의 기술 기반이 무너진다면 한국형 원전을 고려하고 있는 나라들로서는 재고하지 않을 수 없을 것이다. 원전의 특성상 백년대계를 고려해야 하는데 이런 상황에서는 실망할 수밖에 없을 것이다. 우리 기술로 이룩한 멀쩡하고 귀한 원전 산업계를 스스로 파괴하는 결과를 초래한다면 고급 기술자들이 할 일을 잃게 되고 귀한 기술정보까지 해외로 유출될 우려가 발생한다. 혹자는 탈원전으로 원전 산업계가 붕괴되더라도 신재생에너지 분야의 투자로 신규 직종의 일감이 창출된다고 보는 시각도 있다. 외형적으로만 보아도 태양광에너지 분야의 신규 직종은 낮은 수준의 기술직을 요하고 기자재의 태반을 중국에서 수입할 수밖에 없는 분야이다. 국내 부가가치의 창출은 기대하기 어려운 것이다. 고급 일자리 창출을 새 정부 제1의 목표로 한다는 정부가 그 정반대의 길로 역행하고 있다.

세계 최고 수준에 올려놓은 원전 기술이 무용지물로 전락할 우려가 있다. 바라카 원전의 장기 유지·보수 계약도 예상보다 훨씬 축소되어 체결되었다. 이제 'APR1400'의 기술을 지켜내기도 어려워지고 있다. 유지·보수를 타 업체와 함께 한다는 것은 경쟁 업체에 기술을 공개해야 한다는 뜻이기 때문이다. 우리가 세계 최초로 실시 설계에 성공한 스마트 원전의 건설 사업을 예비 설계 단계부터 함께 추진해 왔던 사우디아라비아도 한국의 원전 산업계를 우려의 눈초리로 보고 있다.

4.3 전기요금이 오른다!

값싼 원자력 전기를 줄이고 값비싼 LNG와 효율이 20%도 안 되는 태양광, 풍력을 늘리면 전기요금을 인상할 수밖에 없는 것은 당연한 경제 논리다. 탈원전을 추구한 독일의 전기요금은 우리나라의 3배도 넘는다. 그런데도 정부는 현 정권 임기인 2022년까지는 전기요금 인상이 없다면서 애꿎은 한전만 쥐어짜는 모양새다. 그 바람에 한 해 수조 원씩 흑자를 내던 초우량기업 한전이 2019년 1분기만 6,300억 원 적자를 기록했다. 국제신용평가사인 무디스(Moody's)사도 한전과 한수원의 신용도 평가를 2018년

각각 한 등급씩 하향 조정했다. 2016년까지만 해도 가장 성공적인 우량 공기업이었던 한전이 한순간에 존폐를 걱정해야 하는 부실기업으로 전락해 버린 것이다.

'탈원전'에 따른 발전 단가 상승은 결국 국민 부담으로 돌아온다. 현 정부가 임기 동안 한전에 강압적으로 전기료 인상을 억제한다 하더라도 결국은 다음 정부에서 그동안 억제된 전기료가 한꺼번에 인상되는 결과를 초래할 뿐이다. 한전의 기록적인 영업 적자와 손실은 국제 연료 가격이 상승하고, 지난겨울의 이상 기후로 전력 수요가 늘어난 탓이고, 정부의 '탈원전'과는 무관하다는 것이 2019년 산업부와 한전의 공식 입장이다. 국가 경제와 국민 생활을 위협하는 불합리한 에너지 정책을 걱정하는 국민을 기만하는 어처구니없는 말장난이고 무의미한 궤변에 불과하다.

흑자 경영을 해 왔던 한전이 적자의 늪에서 허우적거리게 된 것은 고스란히, 정부가 무차별적으로 밀어붙이고 있는 '탈원전' 탓이다. 온갖 핑계로 원전의 가동률을 65%로 떨어뜨린 것이 문제의 발단이다. 원전 가동률을 평소처럼 90% 이상으로 유지하지 않는 것도 '탈원전' 때문이라는 사실도 명백하다. 원전의 안전 운전을 위해 어쩔 수 없다는 정부의 변명도 설득력이 없다. 우리 원전은 지난 40년간 세계 최고 수준의 안전성과 가동률을 입증해 왔던 것도 분명한 사실이다. 대통령도 해외 수주 기회마다 그런 사실을 반복적으로 자랑하고 있다. 그런 원전에서 문재인 정부 들어 가동률을 60% 수준으로 떨어뜨려야 할 정도의 부실이 갑자기 발견되었다니 있을 수 없는 일이다. 모자라는 전력 생산을 충당하기 위해 LNG 가동을 늘릴 수밖에 없었다. 지난해 LNG 도입량은 2년 전보다 29%나 늘었다. 엎친 데 덮친다고 국제 LNG 가격까지 껑충 뛰면서 에너지 수입액도 87%나 늘어나 버렸다. 돈으로 환산할 경우 원전 1기가 하루 멈추면 15억 원 정도의 손실을 감수해야 한다.

항우장사도 견뎌 낼 재간이 없는 상황이다. 그런데도 정부는 '전기요금 인상은 없다'고 우기면서 여름철 전기료 누진제 완화까지 밀어붙였다. 소비자의 입장에서 훨씬 더 부담스러운 것은 겨울철 난방용 전기요금이다. 특히 음지에서 목소리를 높일 여유조차 없는 저소득층과 농촌의 고령층에 겨울철 난방용 전기는 생명을 좌우하는 에너지다.

지금은 정부가 '탈원전'은 60년 이후에나 시작된다는 궤변을 늘어놓을 상황이 아니다. '탈원전'은 명백하게 2017년 6월 19일 대통령의 '탈핵국가 선언'으로 시작됐고, 지금도 맹렬하게 진행 중이다. 신고리 5·6호기의 공사를 중단시켰고, 신한울 3·4호기를 비롯한 신규 원전 여섯 기의 공사가 전면 중단됐다. 설비보완으로 7,000억 원을 투자해 정비해 놓은 월성 1호기도 임의로 정지시키면서 기존 원전의 설계 수명 연장도 고려할 수 없다고 천명했다.

이제 비현실적인 '탈원전'은 포기해야 한다. 위험하고 더러운 기술은 포기하는 대신 안전하고 깨끗하게 만들기 위해 노력해야 한다. 태양광·풍력에 대한 환상도 버려야 한다. 태양광·풍력의 간헐성 극복은 대단히 어려운 과제다. 아직은 온실가스와 초미세먼지를 쏟아내는 LNG와 시도 때도 없이 폭발하는 리튬이온 에너지 저장장치(ESS)[92]가 반드시 필요하다. 세상에 공짜는 없다. 멀쩡한 원전을 포기하고, 아직 완성되지도 않은 미래 기술에 매달리는 무지몽매(無知蒙昧)한 정책이 국민 안전과 환경, 그리고 경제와 안보를 심각하게 위협하고 있다.

4.4 대안: 기존 원전의 계속운전, 신한울 3·4호기 건설

대안 없는 반대는 무의미하다. '탈원전'의 부당함을 주장함과 동시에 의미 있는, 실현 가능한 대안을 제시하고자 한다. 철저한 안전 심사를 통과한 기존 원전의 계속운전, 즉 수명 연장과 중단된 신한울 3·4호기 건설 사업의 조속한 착수를 제안한다. 최소한의 활력소로 국내 고부가가치 핵심 산업의 명맥을 살리고 전력 시장의 안정된 수요공급을 확보하는 길이다. '탈원전'의 현실적인 대안은 기존 원전의 계속운전(수명 연장)과 앞으로 전개될 신규 원전 사업의 결정에서 해답을 찾을 수가 있다. 철저한 안전성과

---

92 ESS: Energy Storage System

경제성, 그리고 환경보전성을 기반으로 현 에너지 믹스에서 점진적인 수정과 보완이 이루어져야 한다. 각 분야 에너지 전문가들의 의견을 철저히 수렴하여 국정지도자는 최종 결정을 해야 한다.

계속운전 (수명 연장)

원자력의 경우 공급의 안정성과 환경성, 신뢰성 등이 다른 어떤 발전 방식보다 뛰어남이 국제적으로 검증되었다. 미국이나 유럽의 경우 극심한 한파나, 지진, 태풍, 폭우 등을 겪으며 많은 화력 발전 설비들이 정지될 때 원전의 전기로 재난을 극복했다. 더욱이 원전은 전혀 탄소를 배출하지 않는다. 때문에 미국의 많은 주에서는 천연가스보다 가격 경쟁력이 떨어져 그대로 두면 문을 닫게 될 원전에 일정액의 보조금을 주어가며 계속운전을 도모하고 있는 실정이다.

원전의 설계수명이란 당초 규제기관으로부터 승인된 기간이 차면 운전을 중단하라는 시한이 아니다. 수명이 완료되기 전 엄청난 시설 투자와 보완으로 규제 기관의 철저한 심사를 거쳐 10년 내지 20년 추가운전을 승인받는 것이 원자력 선진국의 사례이다. 미국에서는 당초 운영이 허가된 40년의 운전 기간이 끝난 대부분 원전은 철저한 설비 보강과 안전 심사를 거쳐 운영허가 기간을 20년 연장하여 운전하고 있으며 60년 허가 기간이 다가오는 일부 원전에서는 20년을 추가 연장하는 준비 작업을 서두르고 있다. 아무 자원도 없는 우리나라가 많은 돈을 들여 설비를 개선하여 초기 건설되었을 때보다 훨씬 좋아진 설비를 최초 운영 허가 기간이 다 되었다 하여 무작정 멈추는 것은 참으로 낭비적이고 어리석은 일이 아닐 수 없다. 원전은 발전원가가 저렴할 뿐 아니라 원가 90% 이상의 부가가치가 국내에서 창출되기에 80% 이상을 수입에 의존해야 하는 고가의 가스 발전으로 원전을 대체한다는 것은 있어서는 안 될 어리석은 일이 될 것이다.

정부는 2022년까지 가동 예정이던 월성 1호기를 '탈원전' 정책에 따라 수명을 4년이나 앞당겨 2018년 폐쇄하기로 했다. 수명 연장의 법적, 기술적 당위성과 경제적 필요성을 무시한 처사가 아닐 수 없다. 현 정부는 향후 모든 원전의 기존 설계 수명이 다하면 무조건 원전 폐쇄도 불사할 정책이다. 더욱 한심한 처사는 월성 2-4호기의 운전도 수명기간 이전인 2021년이면 사용후핵연료의 임시 저장고 용량이 다 찬다는 사실이다. 그러나 정부는 확장 공사를 허가하지 않고 있다. 이렇게 되면 원전을 세워야만 한다. 앞으로 20년 가까이 더 운전할 원전을 임시 저장고 포화 상태로 운전 정지가 불가피해진다는 사실이다. '탈원전' 정책 탓에 국가 장기대책인 사용후핵연료 저장 시설까지 문제가 되어 원자력발전소를 세워야 할 처지이다.

첨언할 사실은 지구상의 모든 원전 국가들이 갖추고 있는 자국 내 원자력안전규제기관의 실력과 권위를 다시 인식할 필요가 있다. 우리나라도 반세기 전 최초의 원전 도입 시부터 국가에서 중점적으로 키워온 원자력안전

규제전문기관이 건재하다. 국무총리 산하 원자력안전위원회는 700여 명의 전문 기술자 집단이 서울과 대덕연구단지 및 각 원전 현장에서 24시간 감시한다. 안전성과 환경 보전의 규제 기준을 정하고 철저하게 관리·감독하는 것이 정부의 마땅한 역할이다. 아마도 국내에서 단일 특정 산업계만을 안전관리, 규제하는 예는 원자력 분야가 단연 앞서있다.

신한울 3·4호기 건설 재개

최고령 원전의 폐쇄는 수명 연장을 선진국 수준으로 마친 후 고려하고, 신규 원전의 건설은 국내 원전 산업체의 최소한 지속 가능성을 전제로 추진함이 바람직하다. 신규 건설 사업으로 법적 승인까지 받았던 신한울 3·4, 대진 1·2, 천지 1·2호기 6기를 한꺼번에 전면 취소함은 원전 산업계의 붕괴를 자초하는 일이고 민주법치국가에서 있을 수 없는 일이다. 전체 공정 10% 수준에서 중단된 신한울 3·4호기 건설의 재개를 고려해야 하는 이유가 여기에 있다. 이미 2022년까지 수명연장이 승인된 국내에 현존하는 최고령 원전 월성 1호기를 영구 폐쇄하기 전에 최신형 원전 신한울 3·4호기의 건설을 승인하면 국내 원전 산업의 명맥을 유지할 수 있다. 원전 최대 선진국 프랑스도 마크롱 정부 출범시의 탈원전 정책을 수정하여 'one-in, one-out', 즉 최고령 원전 폐쇄와 최신형 원전 건설을 동시에 추진하고 있다. APR1400 원자로형인 신한울 3·4호기는 최근 한수원이 취득한 USNRC 설계 승인으로 국제적 신뢰도를 한층 높인 터이다. 한국의 신한울 3·4호기 건설 착수는 세계인의 관심을 끌기에 충분하고 수출 전선에도 파란불이 켜질 것이다.

원자력은 1970년대 최초의 원전인 고리 1호기부터 '국민 에너지'로 탄생했고, 지난 40년간 무사고 운전으로 인해 '안심 에너지'로 재인식되었다. 또한 중동에서의 '수출 에너지'로 국가 경제를 이끌고 있으며, 앞으로 남북이 경협 단계에 이르면 '평화 에너지'로 우뚝 서게 될 것이다. 즉, 현재의 '에너지 전환 정책'을 국내 원전 산업의 기본 틀을 유지하는 '에너지 정책 전환'으로 탈바꿈시킬 때 '탈원전'의 딜레마를 해소할 수 있다. 이것이 최소한 나라다운 모습이 될 것이다.

에필로그

만일 원자력연구소장 한필순이 오늘 살아 계신다면 어떤 주장을 하셨을까?
아마도 그분의 큰 뜻을 믿고 따르던 필자들이 이 책에서 전하는
'잘못된 탈원전' 메시지가
바로 하늘에서 보내온 다음의 사연들이 아닐까?

현 정부의 '탈원전' 정책 철회를 촉구하면서

이 땅에서 원자력의 등불이 밝혀진 지 60여 년의 세월을 돌아보며 평생 그 분야에 몸 바친 아톰 할배들의 스토리텔링을 한 권의 책으로 모아 보았다. 이승만의 '에너지 박스'에서부터 키워온 원자력 기술 자립의 꿈이 원전 해외 수출에서 정점을 이룬 듯, 현재에는 '탈원전'의 후유증으로 몸살을 앓고 있다. 우리는 '반핵' 주장도 숙고하고 겸허히 받아들였다. 과연 우리의 선택은 무엇인가?

과거 우리나라 에너지 역사의 비극을 극복한 세계 최고의 원자력발전기술이 '탈원전' 정책 때문에 붕괴되어 가는 현실을 보는 것은 기가 막힌 일이다. 대한민국은 세계에서 유일하게 세 종류의 원자로(대용량 상용원자로, 소형 원자로 스마트, 연구용 원자로)를 수출할 수 있는 나라이다. 그뿐인가, 세계 최고의 원전 가동률 1위를 유지하면서, 에너지 자원 빈국인 한

국이 산업에 가장 싸고, 최양질의 전기를 공급해 왔다. 2019년에는 우리의 APR1400 상용 원전이 미국 원자력안전규제기관에서 설계승인까지 취득하여 국제적인 공신력을 과시하였고, 연구용 원자로인 하나로도 IAEA의 국제연구용 원자로센터로 지정되었다.

'탈원전'이 가져올 국가적 재앙은 어떤 것이 있을까?

첫째는 국민이 경제적 고통을 받을 수밖에 없다. 언제까지 전기요금을 인상하지 않을 것인가? 초우량기업인 한전과 한수원이 천문학적 숫자의 적자를 보고 있다. 더구나 산업용 전기요금이 현실화되면 수출 경쟁력이 현저히 떨어지게 된다. 값싼 원자력 전기를 줄이고 값비싼 LNG와 효율이 20%도 안 되는 태양광, 풍력을 늘리면 전기요금을 인상할 수밖에 없는 것은 당연한 결과다.

둘째는 해외 원전 수출이 어려워진다. 최신 원전 설계 수명이 60년이기 때문에 건설 후에 적어도 60년 이상 부품을 공급하고 유지·보수하려면 '탈원전' 하는 나라의 원전을 도입하기 어렵다. 국내 500여 개의 원전 부품 공급 업체가 머지않아 도산할 수밖에 없다. 가장 중요한 원자력 산업 및 교육 인프라가 무너지고 전문 인력의 감소로 원전 안전성에 문제를 야기할 수 있다.

셋째는 지구 온난화의 주범인 온실가스와 미세먼지 방출 제로인 원전이 환경 보호에 최적인 사실을 왜 모르는가? 중동의 아랍에미리트나 사우디 같은 산유국이 원자력발전소를 도입하는 이유를 아는가? 대형 원자력 사고를 경험한 러시아, 미국, 일본이 '탈원전'을 하지 않는 이유는 한마디로 기후 변화와 경제성에서 원전을 대치할 마땅한 대안을 찾지 못한 탓이다.

문제는 원전이 아니라 온실가스야!

원전 비중을 대폭 축소하겠다던 프랑스 정부가 신규 원전 6기 건설을 검토중이다. 20년 넘게 원전 건설을 중단했던 원전 종주국 영국도 2030년까지 12기의 원전을 새로 지을 계획이다. '탈핵운동'의 발상지인 유럽 선진국들이 원전 건설 재개로 돌아서는 이유는 극히 낮은 확률의 원전 사고피해보다 '지구 온난화'와 '온실가스'문제 해결을 우선시하기 때문이다. 심지어 원전은 고려조차 않던 청정국 호주에서도 신규 원전을 고려하고 있다.

결론적으로 원자력은 인류의 생존을 위협하는 기후 온난화를 막을 수 있는 최적의 기술이다. 지구환경에 원전 사고 문제보다 온실가스가 훨씬 더 위험하다. 선진국과 개도국 다수가 원전 건설에 나서는 가운데 유독 우리나라는 짓고 있던 원전 조차 건설을 중단하는 역주행을 하고 있다. 정부는 국민을 위해서, 에너지 안보를 위해서 '탈원전' 정책을 철회하기 바란다.

원자력 60년을 돌아보니 고리 1호기는 마치 집안이 가난하고 어려웠을 때 온갖 궂은일을 도맡아 한 맏며느리였다. 그 아들인 신고리 3·4호기는 장성하여 대학을 마치고 세계적 기업에 취업해 집안 살림을 도우려 하고 있다. 그 집 막내인 신재생은 이제 갓 고등학교를 졸업하고 대학에 입학한 상태. 맏아들 신고리 원전이 돈을 잘 벌어야 막내아들 신재생을 제대로 도울 수가 있다. '탈원전'으로 신고리 원전의 해외 취업부터 막아서면 나라 꼴이 어찌 되겠는가?

부록 - 원자력사의 주요 연표

년대	세계	한반도	
1890	- X-선 발견(뢴트겐)('95) - 방사선 발견(베쿠렐)('96) - 방사성 핵종 발견(퀴리)('98)	- (구한말)	
1900	- 원자핵/중성자 규명(러더포드)('09)		
1930	- 중성자 발견(차드윅)('32) - 우라늄 원자핵을 중성자로 분열 (한/스트라스만)('38) - 연쇄반응실험(페르미/질라드)('39) - 핵개발을 촉구하는 아인슈타인 편지 (질라드/위그너/텔러)('39) - 루즈벨트의 맨하탄사업 결정('39)	- (일제 강점기)	
1940	- CP-1 첫원자로 시험(페르미)('42) - 원자탄실험 및 일본에 투하('45) - 미국의 비밀주의('45~'53) 및 영/불의 원자력개발과 소련의 핵실험('49)	- (해방 및 분단) - 한국전(1950~1953)	
		남한	북한
1950	- 원자력의 평화적이용 정책선언 및 민간용 원자력 추진('53) - 미해군의 노틸러스 핵잠수함 진수 - 소련의 오브닌스크 원자로('54) - 영국의 핵실험('52) 및 상용로(콜더홀) 첫 가동('56) - 미국 상용로(쉬핑포트) 첫가동('57) - IAEA ('57) 및 Euratom 설립('58)	- 원자력공부동아리 - 해외훈련(서방) - 원자력법 제정 - 원자력원 설치 - 한국원자력연구소('59) - 미국 핵무기 배치('59)	- 해외훈련(소련)('55) - 조소연합핵연구조직('56) - 조소원자력이용협정('59)
1960	- 선진국의 원자력 기술개발 - 프랑스 핵실험('60) ※ 쿠바 핵미사일위기('62) - 중국 핵실험('64) - 일본의 원자력 전원3법 제정	- 연구로 가동('62) - 원자력발전 대책위원회 설치('62) - IAEA의 부지조사('65) - 비발전 분야응용연구	- 영변에 연구로건설('65) 및 운영('67) - 소련파견훈련: 수천 명 규모('61~'76)
1970	- NPT 조약체결('70) ※ 석유위기('73) - 선진국의 원자력기술 상용화 - 인도 핵실험('74) - 카터의 핵확산억제정책 - 유럽과 일본 등 자원빈국들의 핵주기기술 상용화 추진 - 미국TMI 원전사고	- 한국원자력연구소 법인 독립('73) - 상용화 기술도입 - 프랑스 재처리기술계약 및 취소('76) - 고리 1호기 준공('78) ※ 10/26 사태('79)	- 대학에 핵공학과 설립('73) - 원자력법 승인 및 IAEA 가입('74) - U/Pu 실험('75) 및 IAEA 사찰('77) - 우라늄광 탐사('78)

1980	- 핵확산억제정책과 유가안정으로 원자력 확대정책에 제동 - 체르노빌 원전사고('86) - 일부 선진국의 원자력확대정책 수정 - 미국의 방폐처분정책 표류시작 ※ 동서냉전 종식('89)	- 중수로핵연료국산화('84)/핵주설립('82) - 원자력기술자립추진 - 방폐사업 추진('86) 및 안면도 사태('89) - 영광3/4호기 기공식('89)	- 영변에 5MWe 원자로 건설('80) 및 가동('87) - U정련공장건설('82) - 태천에 실증로급 원전건설 50 MWe('85)/200 MWe('89)
1990	- 미소간 핵무기 감축 핵물질 재활용('95) - 유럽의 상용재처리 및 미일 합의로 일본의 재처리사업 재개 ※ 동구권 국가의 EU 가입과 원전해체 - 한·미·일·EU를 주축으로 KEDO 설립('96) - 파키스탄 핵실험('98)	- KINS 설립('90) - 하나로 준공('95) - 북한경수로사업지원('96) - 사업이관('96) ※ IMF 구제금융 위기('97)	- 안전조치 서명('92) - IAEA 사찰('92~'93) - NPT 탈퇴('93) - 북미회담 및 제네바 합의('94) - 금호지구 착공식('97)
2000	※ 9/11 사태 발생('01) - 이라크 대량살상무기 사찰 및 전쟁 - 이란 핵문제 - 중국과 인도의 원전확대정책 - 미국 등의 원자력 르네상스 - 미국의 쉐일가스 자원개발 확대	※ 남북정상회담('00) - APR1400 노형개발 - KINAC 설립('06) - 경주방폐부지 확보('05) 및 KORAD 설립('09) - UAE 원전수출('09)	- NPT 탈퇴선언('03) - 핵보유 선언('05) - 핵실험('06) - 영변핵시설가동중단 발표('07) - 제2차 핵실험('09)
2010	- 동일본 대지진 및 후쿠시마 원전사고('11) ※ 파리기후협약('15) - 선진국의 원전해체 - 개도국들의 원전건설	- 고리원전 영구정지('17) ※ 남북 판문점회담('17)	※ 북미회담('18)

참고문헌

1. 고경력 원자력전문가, "대한민국 원자력 성공사례", 한국연구재단(2011)
2. 공석하, "핵물리학자 이휘소", 도서출판 뿌리(1990)
3. 김명자, 최경희, "원자력 트릴레마", 까치(2013)
4. 김병구, "제2의 실크로드를 찾아서", 지식과감성#(2019)
5. 김성준, "한국 원자력 기술 체제 형성과 변화, 1953-1980", 서울대학교(2012)
6. 김진명, "무궁화 꽃이 피었습니다", 새움(2010)
7. 김진휴, "산하-은혜의 삶", 정민사(2012)
8. 신혜정, "왜 아무도 나에게 말해 주지 않았나", 호미(2015)
9. 박정기, "어느 할아버지의 에너토피아 이야기", 지혜의 가람(2016)
10. 박정균, "원자력과 방사성폐기물", 행복에너지(2017)
11. 박준복, "한국 미사일 40년의 신화", 일조각(2015)
12. 박익수, "한국원자력창업비사", 과학문화사(1999)
13. 부산과학기술협의회, "다박사 fun&fun 원자력" FOBST(2010)
14. 엄호건, "북한의 핵 무기 개발", 백산자료원(2009)
15. 에너지 경제연구원, "불확실성 시대, 원자력발전 어떻게 볼 것인가", 에너지경제연구원(2016)
16. 오동선, "모자 씌우기", 모아북스(2011)
17. 오시카 야스이키, "멜트다운", 양철북(2013)
18. 오오타 야스스케, "후쿠시마의 고양이", 책공장 더불어(2016)
19. 이병령, "한국형원전 후쿠시마는 없다", 기파랑(2019)
20. 이용수, "우리들을 위한 원자력이야기", 도서출판 보고(1991)
21. 이익환, "원자력을 말하다", 대영문화사(2012)
22. 이종훈, "한국은 어떻게 원자력강국이 되었나", 나남(2012)
23. 이정훈, "한국의 핵주권", 신동아 별책부록 (2009)

24. 이정훈, "한국의 핵주권-녹색성장시대, 그래도 원자력이다, 재처리를 이루어 명실상부한 원자력 3강을", 글마당(2011)
25. 이정훈 외, "탈핵비판-이룩한 이 vs 없애는 이", 글마당(2018)
26. 이창건 외, "그때, 그리고 지금", 글마당(2019)
27. 장순흥, "가지 않은 길 : 원자력, 상아탑을 넘어 원전 수출까지", 글마당(2019)
28. 장인순, "후손을 위한 원자력", 한국원자력연구소(2005)
29. 정낙은, "정낙은 회고록", 책미래(2017)
30. 정욱식, "핵과 인간", 서해문집(2018)
31. 정재천, "원전 미래전략, 빠른 추격자인가, 리더인가", GS 인터비전(2013)
32. 최연혜, "대한민국 블랙아웃", 비봉출판사(2018)
33. 한국수력원자력, "원자력발전 30년사", 한국수력원자력(2008)
34. 한국원자력연구원, "한국원자력연구원 60년사", 한국원자력연구원(2019)
35. 한국원자력연구소, "한국원자력연구소 20년사", 한국원자력연구소(1979)
36. 한국원자력연구소, "알기 쉬운 원자력용어 해설집", 한국원자력연구원(2011)
37. 한국원자력산업회의, "원자력용어사전", 한국원자력산업회의(1996)
38. (사)한국원자력안전아카데미, "원로들의 대화-원자력원로포럼에서 표출된 견해들", (사)한국원자력안전아카데미(2013)
39. 한필순, "맨손의 과학자", 비타북스(2016)
40. 한필순, "하루살이 번영", 대덕원자력 포럼(2016)
41. 홍덕화, "한국원자력발전 사회기술체제 : 기술, 제도, 사회운동의 공동구성", 한울아카데미(2019)

영문 자료

1. American Nuclear Society, "Controlled Chain Reaction-The First 50 Years", Library of Congress(1992)
2. Robert Bothwell, "NUCLEUS-The History of Atomic Energy of Canada Limited", University of Toronto Press(1988)
3. Richrad Garwin and Georges Charpak, "Megawatts and Megatons:

The Future of Nuclear Power and Nuclear Weapons", University of Chicago Press(2002)

4. Malcolm Grimston, "Double or Quit? The Global Future of Civil Nuclear Energy", The Royal Institute of International Affairs(Earth Scan)(2002)

5. B.K. Kim, "Nuclear Silk Road", Amazon(2012)

6. George Perkovich, "Universal Compliance—A Stragtegy for Nuclear Security", Carnegie Endowment(2005)

7. Richard Rhodes, "Energy", Simon and Schuster Paperbacks(2018)

8. Max, Walmer, "Strategic Weapons", Slamander(1988)

9. Spencer R. Weart, "Nuclear Fear", Harvard University Press(1988)